"十四五"职业教育部委级规划教材

NONGCHANPIN JIAGONG JISHU:
GUO-SHU CHANPIN JIAGONG

农产品加工技术：
果蔬产品加工

胡彩香 李 岩 刘 馨/主 编

中国纺织出版社有限公司

内 容 提 要

本书采用模块化设计思路，按照生产实际和岗位需求设计开发课程，介绍了果蔬产品、肉制品、乳制品、焙烤产品、粮油产品加工技术 5 个大模块，由各大类农产品加工制品下的具体产品构成多个教学项目，将新技术、新工艺、新规范、典型生产案例及时纳入教学内容，突出岗位性、专业性、实用性，提高学生专业技能。本书通俗易懂，可操作性强，适合作为中等职业院校、各类食品生产企业等相关专业人员进行农产品加工的参考用书，也可用于农民培育教材。

图书在版编目（CIP）数据

农产品加工技术/胡彩香，李岩，刘馨主编. --北京：中国纺织出版社有限公司，2022.12
ISBN 978-7-5229-0047-6

Ⅰ.①农… Ⅱ.①胡… ②李… ③刘… Ⅲ.①农产品加工—教材 Ⅳ.①S37

中国版本图书馆 CIP 数据核字（2022）第 208450 号

责任编辑：闫 婷　　责任校对：高 涵　　责任印制：王艳丽

中国纺织出版社有限公司出版发行
地址：北京市朝阳区百子湾东里 A407 号楼　邮政编码：100124
销售电话：010—67004422　传真：010—87155801
http://www.c-textilep.com
中国纺织出版社天猫旗舰店
官方微博 http://weibo.com/2119887771
天津千鹤文化传播有限公司印刷　各地新华书店经销
2022 年 12 月第 1 版第 1 次印刷
开本：787×1092　1/16　印张：23.5
字数：519 千字　定价：58.00 元（全 5 册）

凡购本书，如有缺页、倒页、脱页，由本社图书营销中心调换

前　言

农产品加工技术是对农业生产的动植物产品及其物料进行加工的生产技术，是促进农民就业增收的重要途径和建设社会主义新农村的重要支撑，是满足城乡居民生活需求的重要保证。农产品加工业产业关联度高、涉及面广、吸纳就业能力强、劳动技术密集，在服务"三农"、壮大县域经济、促进就业、扩大内需、增加出口、保障食品营养健康与质量安全等方面发挥重要作用。

本书采用模块化设计思路，按照生产实际和岗位需求设计开发课程，深入实施职业技能等级证书制度，将新技术、新工艺、新规范、典型生产案例及时纳入教学内容，突出岗位性、专业性、实用性，提高学生专业技能；将专业精神、职业精神和工匠精神融入教学任务，注重培养学生良好的职业道德和职业素养。

本书介绍了果蔬产品、肉制品、乳制品、焙烤产品、粮油产品加工技术 5 个大模块，由各大类农产品加工制品下的具体产品构成多个教学项目。每个项目以典型农产品的加工生产为例，从学习目标、任务资讯（任务案例）、任务发布、任务分析、任务实施［一、生产规范要求；二、原辅材料要求；三、加工工艺操作；四、主要质量问题及防（预防）治（解决）方法；五、成品质量标准及评价］等方面介绍不同农产品加工生产的技术，并有详细的专项实训，以便师生根据实际情况选择，实现教、学、做一体化。本书通俗易懂，可操作性强，适合作为中等职业院校、各类食品生产企业等相关专业人员进行农产品加工的参考用书，也可用于高素质农民培育教材。

由于笔者知识面和专业水平有限，书中不妥之处在所难免，敬请专家、读者批评指正，笔者不胜感谢。

编者

2022 年 10 月

目　录

项目一　果蔬产品加工 ·· 1

  任务一　果蔬干制品加工 ·· 1

  任务二　果脯果酱加工 ·· 10

  任务三　果汁加工 ·· 21

  任务四　水果罐头加工 ·· 38

  任务五　蔬菜腌制 ·· 52

  任务六　果蔬速冻 ·· 65

  任务七　葡萄酒加工 ··· 77

  任务八　果醋饮料加工 ·· 86

  任务九　啤酒加工 ·· 98

参考文献 ·· 118

图书资源

项目一　果蔬产品加工

任务一　果蔬干制品加工

学习目标

【素质目标】
1. 了解中国果蔬干制品加工行业近几年基本情况
2. 了解主要果蔬干制品的行业特点

【技能目标】
1. 能够根据标准要求进行果蔬干制品加工原辅料的验收
2. 能够根据原辅料特点和成分对加工工艺参数进行调整
3. 能够预防和解决果蔬干制品加工过程中的主要质量安全问题

【知识目标】
1. 掌握常见果蔬干制品的原料水果蔬菜的主要理化成分和加工特点
2. 掌握果蔬干制品加工的主要原辅料及其验收要求
3. 掌握典型果蔬干制品加工的主要工艺流程和关键工艺参数
4. 掌握果蔬干制品加工中的主要质量安全问题及防（预防）治（解决）方法
5. 掌握果蔬干制品成品的质量安全标准要求及其评价方法

任务资讯（任务案例）

在健康、便捷的主旋律下，消费的不断升级，果蔬干制品因能有效保存食品原有的营养成分且方便，受到越来越多消费者的青睐。果蔬干制品符合了未来食品绿色、便捷、健康营养的消费需求，这也是食品行业的新风口。果蔬干制品是水果、蔬菜经拣选、洗涤等预处理后，脱水至水分含量为15%~25%的制品。以水果干为例，水果干体积为鲜果的11%~31%，重量为鲜果的10%~25%，因而可显著地节省包装、贮藏和运输费用，且食用和携带方便。水果干由于含水量低，能在室温条件下久藏。水果干的加工方法与罐藏、冷冻等其他加工方法相比，设备和操作都比较简单，生产成本较低廉。

另外，从近几年消费者普遍青睐冻干食品种类来看，水果类冻干食品是我国冻干食品整体需求最大的品类，占比达到39.16%；蔬菜类需求占比为20.22%。

葡萄干是新疆最重要的果蔬干制品之一，在食品行业有着广泛的应用。新疆的绿色葡萄干是新疆特有的葡萄品种制成的，通常用作零食或者糖果。目前，新疆葡萄干绿色占了60%，黑色占40%。其中，吐鲁番盆地因其炎热的气候和充沛的阳光而闻名，大约产出全国80%的葡萄干。每年吐鲁番大约生产120万吨鲜食葡萄，其中70%加工成葡萄干。主要的葡萄品种是无籽汤普森，既可以用于加工也可以鲜食。

长期以来，葡萄干一直是吐鲁番特色农产品的金字招牌，远销海内外，是当地农民增收致富的主要渠道之一。近年来，吐鲁番市高度重视葡萄干质量安全监督管理，修订出台规范文件，制定严格标准，规范吐鲁番葡萄干产、供、销全过程监督管理，确保"舌尖上的安全"。2020年12月1日，《吐鲁番市葡萄干质量管理条例》开始施行。该条例进一步规范了葡萄种植管理和葡萄干加工销售，更好地保护了吐鲁番葡萄干的品牌商标，是新疆首部专门保护一类农产品的地方性法规，为促进当地葡萄干产业健康发展提供了法律依据。

任务发布

新疆吐鲁番地区盛产葡萄，某农业合作组织欲收集当地农户的葡萄用以生产葡萄干，提高农产品附加值，为农户扩大收入。请问该农业合作组织生产葡萄干的主要工艺流程有哪些？如何进行生产过程卫生控制？可能面临哪些质量安全问题？如何预防和改善？如何对出厂的葡萄干成品进行验收？

任务分析

依据《干果食品卫生标准》（GB 16325—2005），干果食品是指以新鲜水果（如桂圆、荔枝、葡萄、柿子等）为原料，经晾晒、干燥等脱水工艺加工制成的产品。其中，吐鲁番葡萄干是国家地理标志产品，依据《地理标志产品 吐鲁番葡萄干》（GB/T 19586—2008），吐鲁番葡萄干是指以吐鲁番原产地域范围内的葡萄为原料，按照该标准晾制，质量达到该标准要求的葡萄干。该标准还规定了吐鲁番葡萄干的地理标志产品保护范围、要求、试验方法、检验规则及标志、标签、包装、运输、贮存等内容。

要进行葡萄干的加工，需要根据食品生产许可的要求具备环境场所、设备设施、人员制度等方面的要求，获得相应品类的食品生产许可证，才能开展生产工作。在葡萄干的加工方面，首先需要了解葡萄的主要品种，以及各个品种的主要理化成分和加工特点，根据标准要求验收采购原料；其次，要按照葡萄干加工的基本工艺流程和参数开展生产加工，在加工过程中要利用各种技术手段预防或解决各类产品质量安全问题，确保产品质量安全；最后，要根据成品标准对成品进行检验。

任务实施

一、生产规范要求

（一）环境场所

良好的卫生环境是生产安全食品的基础，果蔬干制品企业的生产环境应符合《食品安全国家标准 食品生产通用卫生规范》（GB 14881）等相关标准的相关要求，厂区选址应远离污染源，周围无虫害大量孳生的潜在场所，环境整洁。厂区布局合理，各功能区域划分明显，包括原辅料库、生产车间、检验室等；设计与布局合理，便于设备的安装、清洗、消毒等；道路硬化，铺设混凝土、沥青或者其他硬质材料；厂区绿化与生产车间保持适当距离，生活区及生产区分开。有合理的排水系统，污水处理设施等应当远离生产区域和主干道，并位于主风向的下风处，排放应符合相关规定。场所应具有良好的照明和通风，应提供足够且方便的厕所，厕所区应配备自动开关的门。凡是流程需要的场合，应提供足够且方便的设施，供员工洗手和干燥手。

生产区建筑物与外源公路或道路应保持一定距离或封闭隔离，并设有防护措施。厂区内禁止饲养禽、畜。车间内生产工艺布局合理，满足食品卫生操作要求，根据产品特点、生产工艺及生产过程对清洁程度的要求，合理划分作业区，避免交叉污染。

水果制品生产企业除必须具备的生产环境外，还应设置与企业生产相适应的验收场所、原料处理场所、原辅材料仓库、生产车间、包装车间、成品仓库。接收或储存原材料的区域应与进行最终产品制备或包装的区域分开，阻止成品污染。用于储存、制造或处理可食用产品的区域和隔间，应与用于非食用材料的区域和隔间分开，并加以区别。食品处理区应与作为生活区部分的任何场地完全分开。

（二）设备设施

水果干制品生产企业必须具备原料处理设备、干燥（脱水）设备、包装设备；分装企业应具备包装设备。根据生产工艺不同还需配置相应的打浆设备、压榨设备、粉碎设备、筛分设备等。

所有与食品接触的表面皆应光滑；没有凹坑、缝隙和松动的表层；无毒；不受食品的影响；并能经受反复正常的清洁；不吸水。设备和用具的设计和构造应能防止卫生危害，并便于彻底进行清洁。用于干燥的设备，其构造和操作应不会使产品受到干燥介质的不利影响。

二、原辅材料要求

（一）生产葡萄干用葡萄品种及其成分

新疆葡萄干根据选用葡萄种类的不同可分为：无核白、特级绿、无核绿香妃、无核玫瑰香妃、无核红香妃、王中王、马奶子、男人香、玫瑰香、金皇后、香妃红、黑加仑、沙漠王、巧克力、酸奶子、琐琐、喀什哈尔、日加干等。

根据《中国食物成分表》（2018 年版），葡萄的主要成分见表1。

表1　葡萄一般营养素成分表（以每100g可食部计）

食物成分名称	食物名称	
	葡萄（代表值）[1]	葡萄（马奶子）
水分/g	88.5	89.6
能量/kJ	185	172
蛋白质/g	0.4	0.5
脂肪/g	0.3	0.4
碳水化合物/g	10.3	9.1
不溶性膳食纤维/g	1.0	0.4
胆固醇/mg	0	0
灰分/g	0.3	0.4
维生素 A/μg RAE	3	4
胡萝卜素/μg	40	50
视黄醇/μg	0	0
维生素 B_1/mg	0.03	Tr[3]
维生素 B_2/mg	0.02	0.03
烟酸/mg	0.25	0.80
维生素 C/mg	4.0	—[2]
维生素 E/mg	0.86	—
钙/mg	9	—
磷/mg	13	—
钾/mg	127	—
钠/mg	1.9	—
镁/mg	7	—
铁/mg	0.4	—
锌/mg	0.16	—
硒/μg	0.11	—
铜/mg	0.18	—
锰/mg	0.04	—

注：1. 代表值是指当来自不同地区的同一种食物有多个的时候，为了便于使用，《中国食物成分表》（2018年版）对不同产区或不同品种的多条同个食物营养素含量计算了"x"代表值。

2. 符号"—"，表示未检测，理论上食物中应该存在一定量的该种成分，但未实际检测。

3. 符号"Tr"，表示未检出或微量，低于目前应用的检测方法的检出限或未检出。

（二）生产葡萄干用葡萄验收要求

依据《干果食品卫生标准》（GB 16325—2005），干果的原料应符合相应的食品标准和有关规定。例如，生产葡萄干所使用的葡萄应分别符合相应食品安全国家标准的要求，污染物限量应符合 GB 2762 的规定；农药残留应符合 GB 2763 的规定。

《地理标志产品 吐鲁番葡萄干》（GB/T 19586—2008）是针对地理标志产品吐鲁番葡萄干的要求，该标准对生产吐鲁番葡萄干所用葡萄种植的地理范围、自然环境都作出了规定，包括日照、气温、降水、空气相对湿度、土壤等。

三、加工工艺操作

果品、蔬菜干制的方法，因干燥时所使用的热量来源不同，可分为自然干制和人工干制两类。

自然干制的技术是利用自然条件如太阳辐射热、热风等使果蔬干燥，称自然干燥。其中，原料直接受太阳晒干的，称晒干或日光干燥；原料在通风良好的场所利用自然风力吹干的，称阴干或晾干。

自然干制的特点是不需要复杂的设备、技术简单易于操作、生产成本低。但干燥条件难以控制、干燥时间长、产品质量欠佳、同时还受到天气条件的限制，使部分地区或季节不能采用此法。如潮湿多雨的地区，采用此法时干制过程缓慢、干制时间长、腐烂损失大、产品质量差。

自然干制的一般方法是将原料选择分级、洗涤、切分等预处理后，直接铺在晒场，或挂在屋檐下阴干。自然干制时，要选择合适的晒场，要求清洁卫生、交通方便且无尘土污染、阳光充足、无鼠鸟家禽危害，并要防止雨淋、要经常翻动原料以加速干燥。

人工干制是人工控制干燥条件下的干燥方法。该方法可大大缩短干燥时间获得较高质量的产品，且不受季节性限制，与自然干燥相比，设备及安装费用较高，操作技术比较复杂，因而成本也较高。但是，人工干制具有自然干制不可比拟的优越性，是果蔬干制的方向。

下面以目前新疆葡萄干的两种主要加工方法，介绍果蔬干制品的加工操作。

（一）农家传统自然阴干

（1）果实采收：制干的无核白葡萄必须充分成熟，其标志是穗梗发白，用手指挤果粒，果汁即徐徐流出，并有较强的黏着力，品尝时各浆果甜味一致。一般在8月中旬到9月中旬采收。

（2）原料的整理：剔除果穗中的枯叶干枝，并用疏果剪除去霉烂或变色的不合格果粒。晾挂葡萄果穗用的嵌有硬细木的木橡子，一端用麻绳或铁丝垂直系于晾房屋顶，晾房四壁均留有足够的通气孔。晾晒果穗谷称"挂刺"。挂一排，系一排，从最下端开始逐层上挂，重重叠叠，犹如宝塔，直挂到屋顶。挂刺后3~4d，有部分果穗果粒脱落，应及时清扫。以后每隔2~3d清扫一次，直到不脱落为止。脱落的果穗和果粒置于阳光下曝晒，制成次等葡萄干。

制干晾房都位于戈壁或荒坡，四周空旷、无植物、高温、干燥、热风阵阵，晾房内平均温度约27℃，平均湿度约35%，平均风速1.5~2.6m/s。经约30d阴干，即可完全下刺，一般每4kg鲜葡萄可制成1kg葡萄干。

（3）成品处理：摇动挂刺，使葡萄干脱落。稍加揉搓，借风车、筛子或自然风力去掉果柄、干叶和瘪粒等杂质。然后按色泽饱满度及酸甜度进行人工分级、包装、贮藏、出售。

（二）快速冷浸制干

（1）原料处理：制干的葡萄采收以后，剪去太小和损坏的果粒，果串太大的要剪为几小串，在晒盘上铺放一层。

（2）浸渍液及其乳化：1977年新疆农科院园艺研究所等单位用0.6g氢氧化钾和6mL 95%乙醇混液后，加入3.7mL油酸乙酯，摇匀，再兑入1000mL 3%碳酸钾水溶液，边倒边搅拌，获得醇溶油碱乳液。

（3）浸渍：将成熟果串浸没在乳液中30s到5min，直到果表完全湿润，呈半透明状。生产上则1min即捞出漂洗，除去果表残留药液，晾晒制干。浸后72h脱水率为64%，5d达76%，约为未浸渍的2倍。第7d基本干燥，比农家自然阴干缩短了3/4~4/5的制干时间。连续浸渍30~50次后，须添加新液，维持脱水率。

（4）制干：冷浸后的葡萄用阴干、晒干或烘干方法干燥。晾房阴干可保持无核白葡萄的传统绿色和风味，且色泽更鲜明透亮，果粒更饱满洁净、损失糖分少，品质有所提高。在阳光下晒干，操作简便，制干时间缩短。晒干的葡萄干在阳光下呈红色，并在恒温鼓风干燥炉中烘烤42h。脱水率达到70%。干燥后仍保持绿色。

四、主要质量问题及防（预防）治（解决）方法

（一）色泽变化

果蔬在干制过程中（或干制品在贮藏中）色泽的变化包括3种情况：一是果蔬中色素物质的变化；二是褐变（酶褐变和非酶褐变）引起的颜色变化；三是透明度的改变。

1. 色素物质的变化

果蔬中所含的色素，主要是叶绿素（绿）、类胡萝卜素（红、黄）、黄酮素（黄或无色）、花青素（红、青、紫）、维生素（黄）等。

绿色果蔬在加工处理时，由于与叶绿素共存的蛋白质受热凝固，使叶绿素游离于植物体中，并处于酸性条件下，这样就加速了叶绿素变为脱镁叶绿素，从而使其失去鲜绿色而形成褐色。

将绿色蔬菜在干制前用60~75℃热水烫漂，可保持其鲜绿。但在加热达到沸点时，叶绿素容易被氧化。如菠菜。烫漂用水最好选用微碱性，以减少脱镁叶绿素的形成，保持果蔬鲜绿色。用稀醋酸铜或醋酸锌溶液处理，能较好地保持其绿色。叶绿素在低温和干燥条件下也比较稳定。因此，低温贮藏和脱水干燥的果蔬都能较好地保持其鲜绿色。

2. 褐变

果蔬在干制过程中（或干制品在贮藏中），常现颜色变黄、变褐甚至变黑的现象，一般称为褐变。按产生的原因不同，又分为酶褐变和非酶褐变。

（1）酶褐变：在氧化酶和过氧化物酶的作用下，果蔬中单宁氧化呈现褐色。如制作苹果干、香蕉干等在去皮后的变化。

可见要防止褐变，就应从果蔬中单宁含量、氧化酶、过氧化物酶的活性以及氧气的供应等方面考虑。如果控制其中之一，则由单宁所引起的氧化变色即可受到抑制，获得良好的保色效果。

单宁是果蔬褐变的基质之一，其含量因原料的种类、品种及成熟度不同而异。就果实而言一般未成熟的果实单宁含量远多于同品种的成熟果实。因此，在果品干制时，应选择含单宁少而成熟的原料。氧化酶在71~73.5℃、过氧化物酶在90~100℃的温度下，5min即可遭到破坏。因此，干制前，采用沸水或蒸气进行热处理、硫处理，都可因破坏酶的活性而抑制

褐变。

（2）非酶褐变：不属于酶的作用所引起的褐变，均属于非酶褐变。

非酶褐变的原因之一是，果蔬中氨基酸游离基和糖的醛基作用生成复杂的络合物。羟基呋喃甲醛很容易与氨基酸及蛋白质化合而生成黑蛋白素。这种变色快慢程度取决于氨基酸的含量与种类、糖的种类以及温度条件。

黑蛋白素的形成与氨基酸含量的多少呈正相关。例如苹果干在贮藏时比杏干褐变程度轻而慢，是由于苹果干中氨基酸含量较杏干少的缘故。在各种氨基酸中，以赖氨酸、胱氨酸及苏氨酸等对糖的反应较强。

此外，重金属也会促进褐变，按促进作用由小到大的顺序排列为：锡、铁、铅、铜。如单宁与铁生成黑色的化合物；单宁与锡长时间加热生成玫瑰色的化合物。单宁与碱作用容易变黑。硫处理对非酶褐变有抑制作用，因为二氧化硫与不饱和的糖反应形成磺酸，可减少黑蛋白素的形成。

（3）透明度的改变：新鲜果蔬细胞间隙中的空气，在干制时受热被排除，使干制品呈半透明状态。因而干制品的透明度决定于果蔬中气体被排除的程度。

气体越多，制品越不透明，反之，则愈透明。干制品愈透明，质量愈高，这不只是因为透明度高的干制品外观好，而且由于空气含量少，可减少氧化作用，使制品耐贮藏。干制前的热处理即可达到这个目的。

（二）防虫处理

干制品中常混杂有虫卵，若包装破损或产品回潮，可发生虫害，故应对干制品进行防虫处理。防虫的方法有以下3种：

（1）低温贮藏：将产品贮藏在2~10℃条件下，抑制虫卵发育，推迟虫害的出现。

（2）热力杀虫：将果蔬干制品在75~80℃温度下处理10~15min后立即包装，可杀死昆虫和虫卵。对于干燥过度的果蔬，可用蒸汽处理2~5min，不仅可杀虫，还可使产品肉质柔软，改进外观。

（3）熏蒸剂杀虫：常用的熏蒸剂有二氧化硫、二硫化碳、氯化苦和溴代甲烷等。将上述熏蒸剂在密闭的容器或仓库内熏蒸一定时间，可杀死害虫及虫卵。熏蒸剂不仅对昆虫具有毒性，而且对人类有毒，使用时应戴防毒面具，并注意用高压贮液桶盛装熏蒸剂，使用时由高压贮液桶直接向熏蒸室内输送熏蒸剂。熏蒸剂的使用，常在包装前进行，特别是晒干的果蔬制品，因带有较多昆虫及虫卵，常在离开晒场前就进行熏蒸。果蔬干制品贮藏过程中，还常定期进行熏蒸，以防虫害发生。

五、成品质量标准及评价

《干果食品卫生标准》（GB 16325—2005）规定了干果食品的食品安全要求。目前该标准尚未整合为食品安全国家标准。依据最新的食品安全国家标准的规定，葡萄干的污染物限量应符合 GB 2762 的规定；真菌毒素限量应符合 GB 2761 的规定；农药残留应符合 GB 2763 的规定；致病菌限量应符合 GB 29921 的规定。

《地理标志产品　吐鲁番葡萄干》（GB/T 19586—2008）规定了吐鲁番葡萄干的理化指标和卫生指标等方面的要求。

依据上述规定,整理出吐鲁番葡萄干成品应符合的质量安全标准如表2所示。

表2 吐鲁番葡萄干质量安全指标

产品指标		指标要求	标准法规来源	检验方法
原料要求		应符合相应的标准和有关规定	GB 16325	
感官要求	外观	粒大、饱满	GB/T 19586	GB/T 19586
	滋味	具有本品种风味,无异味		
	其他要求	无虫蛀、无霉变、无异味	GB 16325	
理化指标	总糖	≥70%	GB/T 19586	GB/T 5009.7
	水分	≤15%		GB/T 5009.3
	果粒均匀度	≥90%		GB/T 19586
	果粒色泽度	≥95%		
	破损果粒	≤1%		
	杂质	≤0.1%		
	霉变果粒	不得检出		
	虫蛀果粒	不得检出		
	卫生指标	按GB 16325规定执行		GB 16325
	总酸	≤2.5g/100g	GB 16325	GB 12456
污染物限量	铅	≤1.0mg/kg(以Pb计)	GB 2762	GB 5009.12
	锡	≤250mg/kg(以Sn计。仅适用于采用镀锡薄板容器包装的食品)		GB 5009.16
致病菌限量	致病菌(沙门氏菌、金黄色葡萄球菌、志贺氏菌)	不得检出	GB 16325	GB 4789.3
	沙门氏菌	$n=5$,$c=0$,$m=0/25g$(mL),$M=—$	GB 29921	GB 4789.4
	金黄色葡萄球菌	$n=5$,$c=1$,$m=100CFU/g$(mL),$M=1000CFU/g$(mL)		GB 4789.10

实训工作任务单

学习项目	果蔬干制品加工技术	工作任务	葡萄干制作
时间		工作地点	
任务内容	葡萄原料的处理，浸渍液配制，葡萄制干的操作，葡萄干生产过程中存在的质量问题与解决方法		
工作目标	素质目标 1. 了解中国果蔬干制品加工行业近几年基本情况 2. 了解主要果蔬干制品的行业特点 技能目标 1. 能够根据标准要求进行果蔬干制品加工原辅料的验收 2. 能够根据原辅料特点和成分对加工工艺参数进行调整 3. 能够预防和解决果蔬干制品加工过程中的主要质量安全问题 知识目标 1. 掌握常见果蔬干制品的原料水果蔬菜的主要理化成分和加工特点 2. 掌握果蔬干制品加工的主要原辅料及其验收要求 3. 掌握典型果蔬干制品加工的主要工艺流程和关键工艺参数 4. 掌握果蔬干制品加工中的主要质量安全问题及防（预防）治（解决）方法 5. 掌握果蔬干制品成品的质量安全标准要求及其评价方法		
产品描述	请描述该产品的特点、感官性状、营养成分等		
实验设备	请列举本次实验使用的设备，并描述操作要点		
操作要点	请根据课程学习和实验操作填写葡萄干制作的工艺流程和操作要点		
成果提交	实训报告，葡萄干产品		
相关标准/验收标准	请根据课程学习和实验操作填写葡萄干的相关验收标准，包括指标名称、指标要求、检测方法、来源标准法规		
实验心得	本次实验有哪些收获？产品的关键控制点和容易出现的问题有哪些		
提示			

工作考核单

序号	考核内容	考核标准	分数	权重		
				自评	组评	教师评
				30%	30%	40%
1	学习态度	积极主动，实事求是，团队协作，律己守纪				
2	组织纪律	上课考勤情况				
3	任务领会与计划	理解生产任务目标要求，能查阅相关资料，能制定生产方案				

学习项目：果蔬干制品加工技术　　工作任务：葡萄干制作
班级：　　　组别：　　　（组长）姓名：

续表

序号	考核内容	考核标准	分数	权重		
				自评	组评	教师评
				30%	30%	40%
4	任务实施	能根据生产任务单和作业指导书实施生产步骤，完成任务				
5	项目验收	依据相关技术资料对完成的工作任务进行评价				
6	工作评价与反馈	针对任务的完成情况进行合理分析，对存在问题展开讨论，提出修改意见				
		合计				
评语						

指导老师签字_____

任务二　果脯果酱加工

学习目标

【素质目标】
1. 了解中国果脯、果酱加工行业近几年基本情况
2. 了解主要果脯、果酱的行业特点

【技能目标】
1. 能够根据标准要求进行果脯、果酱加工原辅料的验收
2. 能够根据果脯、果酱原辅料特点和成分对加工工艺参数进行调整
3. 能够预防和解决果脯、果酱加工过程中的主要质量安全问题

【知识目标】
1. 掌握常见果脯、果酱的原料水果的主要理化成分和加工特点
2. 掌握果脯、果酱加工的主要原辅料及其验收要求
3. 掌握典型果脯、果酱加工的主要工艺流程和关键工艺参数

4. 掌握果脯、果酱加工中的主要质量安全问题及防（预防）治（解决）方法
5. 掌握果脯、果酱成品的质量安全标准要求及其评价方法

任务资讯（任务案例）

（一）果脯蜜饯

蜜饯是我国传统特色休闲食品，是食品工业中的一块瑰宝，以李、桃、杨梅、橄榄、葡萄、杏、枣或冬瓜、生姜等果蔬为原料，用糖或蜂蜜腌制后加工制成的食品。蜜饯始于商代，在唐朝得到了迅速发展，宋代时期蜜饯的制作工艺比较成熟。除了作为小吃或零食直接食用外，蜜饯也可以用来放于蛋糕、饼干等点心上作为点缀。果脯选料精、加工细，所以产品色泽好、味道正、柔软爽口。色泽由浅黄到橘黄，呈椭圆形，不破不烂，不返糖，不粘手，吃起来柔软，酸甜适口。但是，传统果脯的口味过于甜腻，而高糖食品易导致心血管病、肥胖症、儿童龋齿等问题，对健康不利。因此在保健食品快速发展的今天，低糖、无硫、方便、天然的果脯成为果脯行业发展的方向，尤其是健康安全的低糖无硫果脯成为了果脯研究的热点。从20世纪90年代起，低糖果脯的研制成为果脯行业的重要研究课题。随着生产技术和生产设备水平的提高，低糖果脯的生产越来越广泛。

哈密瓜是新疆传统的名优特产，在国内外市场上享有较高的声誉和知名度，而且具有较强的生产区域性。新疆独有的特殊地理气候条件和生态环境，使新疆哈密瓜具有瓜体均匀适中、品质好、含糖量高、香甜多汁、口感细腻、润脆和营养丰富、耐贮运性好等特点，被公认为是水果中的佳品，在国内外都享有盛誉，是新疆特色农业和创汇农业，成为发展农村经济的主要种植业途径之一。据数据统计显示，2018年我国哈密瓜产量约达到305.6万吨，其中新疆哈密瓜产量约为165万吨，占全国一半以上产量。哈密瓜除了鲜食以外，还可以加工哈密瓜果脯，这也是重要的哈密瓜产品之一。

（二）果酱

果酱是用水果、果汁或果浆与糖等其他来作为主要原材料生产的酱状产品，果酱里有着丰富的营养物质。果酱可以应用在家庭消费、食品加工业、餐饮业三个场景，其中食品加工业是主要的消费领域，占比达到62%。但随着我国居民饮食逐渐丰富，以及果酱食用方式的多样性，使得果酱在餐饮和家庭中的应用占比不断扩大，在2020年二者总占比为38%。

杏树在新疆的栽培历史悠久，种植区主要分布在南疆，在东疆以及北疆的昌吉、伊犁等地也有种植。数据显示，截至2018年底，全疆杏子种植面积达167万亩，产量92万吨，面积、产量居全国首位，并在世界杏产品市场中占据重要地位。2019年，新疆杏子的种植面积近200万亩，产量也从92万吨增至120万吨左右，增加了近30万吨。

在2001年之前，新疆杏的加工业处于以手工生产为主的粗加工阶段，产品以杏干、杏脯、杏酱为主，由于加工技术落后，产品质量很不稳定。杏酱是新疆主要杏加工品的一种，近年来，新疆杏酱的生产量和出口量不断增加，杏酱已成为新疆杏加工产业的重要支柱。

任务发布

褐变是果蔬制品加工过程中容易出现的问题之一，如果控制不好，极易影响产品品质，进而影响企业销售，损害企业经济效益和品牌形象。新疆某企业在生产哈密瓜果脯和杏酱的过程中，也发现产品褐变的质量问题难以解决。请问企业从原辅料验收、工艺流程等角度如何控制这些问题？如何加强成品验收？

任务分析

依据《蜜饯质量通则》（GB/T 10782—2021），蜜饯是指以果蔬等为主要原料，添加（或不添加）食品添加剂和其他辅料，经糖或蜂蜜或食盐腌制（或不腌制）等工艺制成的制品。其中果脯是指原料经糖渍、干燥等工艺制成的略有透明感，表面无（或略有）霜糖析出的制品。

依据《果酱》（GB/T 22474—2008），果酱是指以水果、果汁或果浆和糖等为主要原料，经预处理、煮制、打浆（或破碎）配料、浓缩、包装等工序制成的酱状产品。果酱按原料可以分为果酱和果味酱，其中果酱要求：配方中水果、果汁或果浆用量大于或等于25%（按鲜果计）；按照加工工艺分为果酱罐头和其他果酱；按照产品用途分为原料类果酱、酸乳类用果酱、冷冻饮品类用果酱、焙烤类用果酱和其他果酱以及佐餐类果酱等。

要进行哈密瓜果脯和杏酱的加工，需要分别根据果脯蜜饯和果酱食品生产许可的要求具备环境场所、设备设施、人员制度等方面的要求，获得相应品类的食品生产许可证，才能开展生产工作。在加工方面，首先需要了解生产所用原料的主要品种，以及各个品种的主要理化成分和加工特点，根据标准要求验收采购原料；其次，要按照基本工艺流程和参数开展生产加工，在加工过程中要利用各种技术手段预防或解决各类产品质量安全问题，确保产品质量安全；最后，要根据成品标准对成品进行检验。

任务实施

一、生产规范要求

（一）环境场所

良好的卫生环境是生产安全食品的基础，果脯、果酱企业的生产环境应符合《食品安全国家标准 食品生产通用卫生规范》（GB 14881）等相关标准的相关要求，厂区选址应远离污染源，周围无虫害大量孳生的潜在场所，环境整洁。厂区布局合理，各功能区域划分明显，包括原辅料库、生产车间、检验室等；设计与布局合理，便于设备的安装、清洗、消毒等；道路硬化，铺设混凝土、沥青或者其他硬质材料；厂区绿化与生产车间保持适当距离，生活区及生产区分开。有合理的排水系统，污水处理设施等应当远离生产区域和主干道，并位于主风向的下风处，排放应符合相关规定。场所应具有良好的照明和通风，应提供足够且方便的厕所，厕所区应配备自动开关的门。凡是流程需要的场合，应提供足够且方便的设施，供员工洗手和干燥手。

生产区建筑物与外源公路或道路应保持一定距离或封闭隔离，并设有防护措施。厂区内禁止饲养禽、畜。车间内生产工艺布局合理，满足食品卫生操作要求，根据产品特点、生产工艺及生产过程对清洁程度的要求，合理划分作业区，避免交叉污染。

水果制品生产企业除必须具备的生产环境外，还应设置与企业生产相适应的验收场所、原料处理场所、原辅材料仓库、生产车间、包装车间、成品仓库。接收或储存原材料的区域应与进行最终产品制备或包装的区域分开，阻止成品污染。用于储存、制造或处理可食用产品的区域和隔间，应与用于非食用材料的区域和隔间分开，并加以区别。食品处理区应与作为生活区部分的任何场地完全分开。

（二）设备设施

水果制品生产企业必须具备原料处理设备、浓缩设备、杀菌设备、包装设备等。所有与食品接触的表面皆应光滑；没有凹坑、缝隙和松动的表层；无毒；不受食品的影响；并能经受反复正常的清洁；不吸水。设备和用具的设计和构造应能防止卫生危害，并便于彻底进行清洁。

二、原辅材料要求

（一）原料品种及其成分

新疆哈密瓜的主要品种包括西州蜜瓜、东湖瓜、雪里红、黑眉毛等。目前，全疆已知杏品种100余个，其中，有小白杏、苏勒坦杏、明星杏、胡安娜杏、色买提杏、黑叶杏、木格牙格勒克杏、树上干杏8个主栽品种。

根据《中国食物成分表》（2018年版），哈密瓜和杏的主要成分见表1。

表1 哈密瓜和杏一般营养素成分表（以每100g可食部计）

食物成分名称	食物名称	
	哈密瓜	杏
水分/g	91.0	89.4
能量/kJ	143	160
蛋白质/g	0.5	0.9
脂肪/g	0.1	0.1
碳水化合物/g	7.9	9.1
不溶性膳食纤维/g	0.2	1.3
胆固醇/mg	0	0
灰分/g	0.5	0.5
维生素A/μg RAE	77	38
胡萝卜素/μg	920	450
视黄醇/μg	0	0
维生素B_1/mg	—[1]	0.02
维生素B_2/mg	0.01	0.03

续表

食物成分名称	食物名称	
	哈密瓜	杏
烟酸/mg	—	0.6
维生素 C/mg	12.0	4.0
维生素 E/mg	—	0.95
钙/mg	4	14
磷/mg	19	15
钾/mg	190	266
钠/mg	26.7	2.3
镁/mg	19	11
铁/mg	Tr²	0.6
锌/mg	0.13	0.2
硒/μg	1.10	0.2
铜/mg	0.01	0.11
锰/mg	0.01	0.06

注：1. 符号"—"，表示未检测，理论上食物中应该存在一定量的该种成分，但未实际检测。

2. 符号"Tr"，表示未检出或微量，低于目前应用的检测方法的检出限或未检出。

（二）原料验收要求

依据《蜜饯质量通则》（GB/T 10782—2021），果脯蜜饯的原料应符合相应的食品标准和有关规定。例如，生产哈密瓜果脯所使用的哈密瓜应分别符合相应食品安全国家标准的要求；污染物限量应符合 GB 2762 的规定；农药残留应符合 GB 2763 的规定。

《果酱》（GB/T 22474—2008）也对果酱的原料要求作出规定，果酱的原料应符合相应的食品标准和有关规定。

三、加工工艺操作

（一）哈密瓜果脯加工

1. 工艺流程

选料→清洗→去皮、瓤→切片→护色硬化→真空浸糖→沥糖→烘干→整形→真空包装→杀菌→成品。

2. 操作要点

选料：挑选八成熟无腐烂的哈密瓜，品种不限，但以瓜肉色泽为橘红色或黄色为最好。一般在 8 月中旬到 9 月中旬采收。

清洗：将选好的瓜放入水槽中，用流动水冲洗，并逐个刷去表面污物；将洗净的瓜放入 1% 的稀盐酸中浸泡 10min，再用流动水冲洗干净，以防污染。

去皮、瓤：将冲洗消毒后的瓜，用去皮刀去净硬皮及粗纤维；将瓜对切为二，用不锈钢小勺，挖净瓜瓤及瓜籽。

切片：用不锈钢刀切成长 4~5cm，厚 0.5~1.0cm 的瓜片。

护色硬化：切成的哈密瓜片即浸入 0.5%$CaCl_2$+0.1%$NaHSO_3$+3.0%KH_2PO_4 组成的混合液中进行硬化护色处理，常温常压下处理 1~2h 或真空（600mmHg）处理 10~15min，然后适度漂洗。

真空浸糖：将已漂洗沥干的哈密瓜片投入煮沸的糖液中烫漂 1~2min，马上冷却至 30℃ 时即可真空浸糖。糖液采用 20% 的白糖，30% 的淀粉糖浆，0.1%~0.15% 的果胶及 0.01% 的增香剂制成的糖胶混合液。真空度为 87~93kPa，糖液温度 60℃，时间 30min，然后在常温常压下浸 8~10h。

沥糖：用无菌水把附在果脯表面的糖浸液冲去，沥干。

烘干：将沥糖后的哈密瓜脯摆盘放入烘房烘制，烘制过程可分两个阶段进行。第一阶段温度控制在 55~60℃，1~2h，使水分含量达 30%~35%；第二阶段温度控制在 50℃ 烘干到含水量为 25% 左右（中间翻样几次），取出。

整形、包装：按脯形大小、饱满程度及色泽分选和修整，经检验合格，在无菌室里按一定重量采用真空包装，真空度为 80kPa。

微波杀菌：将包装好的哈密瓜果脯送入微波炉进行微波杀菌，杀菌中心温度以不超过 85℃ 为宜，待冷却后检验入库，即为成品。

(二) 杏酱加工

1. 工艺流程

原料挑选→清洗→去皮、去核→预煮软化→打浆→浓缩→装罐→杀菌冷却→检验贴标。

2. 操作要点

原料分选：原料的分选包括选择和分级。洗涤果蔬可采用漂洗法。选择主要是剔除不合格的和虫害、腐烂、霉变的原料。分级主要依据原料果的大小、色泽和成熟度。

清洗：洗涤果蔬可采用漂洗法。

去皮修整：去皮的方法包括手工去皮、机械去皮、热力去皮、化学去皮、酶法去皮、真空去皮等。不同的果蔬可以根据其特点选用不同的去皮方式。其中热力去皮是果蔬用短时高温处理后，使表皮迅速升温，果皮膨胀破裂，与内部果肉组织分离，然后迅速冷却去皮，适合于成熟度高的桃、李、杏、番茄等。热去皮的热源主要有蒸汽和热水。此法原料损失小，色泽好，风味好。可在夹层锅中进行，也可在连续式去皮机中进行。

预煮软化：加入果肉量 10%~20% 的清水在夹层锅中 95℃ 预煮 5~10min。其目的是：稳定色泽，改善风味；软化组织，便于加工；脱除水分，保证固形；减少氧化，减轻腐蚀；杀灭细菌，提高效果。

打浆：用筛孔径为 0.7~1.5mm 打浆机打浆 1~3 次，可采用单道或双道打浆机。

调配：打浆后的果浆放入夹层锅中，按 500kg 果肉、600kg 白砂糖（其中 20% 用淀粉糖浆代替），0.8kg 的柠檬酸进行调配。

浓缩：浓缩分为常压浓缩和真空浓缩，真空浓缩又分为升膜式和降膜式。真空浓缩要控制蒸汽压力和进料条件，以保证果酱的色、香、味。常压浓缩要控制浓缩时间，注意"跑锅""糊锅"现象。关于浓缩终点，低糖杏酱罐头要达到可溶性固形物 45%~50%；高糖杏酱罐头要达到可溶性固形物 65% 以上。可溶性固形物是指所有溶解于果蔬汁液中的化合物的总称。包括可溶性糖、可溶性维生素和可溶性氨基酸等。

装罐：铁罐要用抗酸涂料铁制成，事先洗净消毒；四旋瓶及盖、胶圈（垫）用75%酒精消毒。装罐温度85℃，瓶口无残留果酱，酱液装罐温度≥85℃，迅速封罐。封口温度不低于70℃。

杀菌冷却：在100℃温度下杀菌20~25min，然后冷却至罐温达38~40℃为止。对于无菌大袋而言，一般采用套管式杀菌设备；对于小罐头而言，可采用杀菌锅。

四、主要质量问题及防（预防）治（解决）方法

（一）果脯

1. "返砂"和"流糖"

果脯成品要求质地柔韧，光亮透明，如果成品表面或内部产生蔗糖结晶，就属不正常，这个现象我们称为"返砂"，返砂的果脯外部失去光泽，容易破损，消散内部水分，大大影响成品质量。果脯返砂的原因主要是由于原料含酸量低，糖煮时蔗糖转化不够，果脯中转化糖含量不足，或贮藏温度过低造成。相反，果脯中转化糖含量过高，在高温潮湿季节就会产生吸潮"流糖"现象，在低温干燥的冬季，也易在果脯表面产生结晶，这个现象称为"返糖"。试验发现，成品中含水量为18%~20%，总糖量为68%~72%，转化糖含量为30%，即转化糖占总糖含量的50%以下时，将出现不同程度的返砂现象。转化糖含量越低，返砂越严重。转化糖含量在40%~45%，占总糖含量的60%以上时，在低温低湿条件下保藏，则不会发生返砂。若转化糖过分增高，占总糖量的90%以上时，则将会产生"流糖"或"返糖"现象。因此，在果脯加工中，如能控制成品中转化糖与总糖含量的适当比例，"返砂"和"流糖"的现象就可避免。

防止果脯结晶返砂的方法有：①糖渍时适当加入柠檬酸，以保持糖液中含有机酸0.3%~0.5%，使蔗糖适当转化。对于循环使用的糖液，应在加糖调整浓度后，检验总糖及转化糖含量。一般总糖在54%~60%，若其中的转化糖含量已达25%（占总糖量的43%~45%），即可认为符合要求，烘干后成品不致返砂；②糖煮时，在糖液中加入部分饴糖（一般不超过20%），或添加部分果胶，以增加糖液黏度，减缓和抑制糖的结晶；③果脯贮藏温度以12~15℃为宜，切勿低于10℃，相对湿度应控制在70%以下。已返砂的果脯，可将其在15%的热糖液中煮一下，然后烘干即可。

防止果脯流糖的方法是：糖煮时加酸不宜过分，煮制时间不宜过长，以防蔗糖过度转化。另外，烘烤时初温不宜过高，防止表面干结，使果脯内部的水分扩散出来。在成品贮藏中，应密闭保藏，可用两层塑料袋密封保存，相对湿度控制在70%以下。

2. 煮烂问题

制作果脯的过程中，煮烂现象是常遇到的。其原因从现象上看，除与品种有关外，果实的成熟度有着很大的影响，过生过熟的果实都容易煮烂。因此，采用成熟度适当的果实，是保证果脯质量的关键措施之一。目前防止煮烂的另一个有效方法是，经过前处理工序的果坯，不立即用浓糖液热煮，而是先放入煮沸的清水中或1%的食盐水中热烫几分钟，或者用1%的食盐水浸渍6~8h，再按一般方法进行煮制。在煮制时应掌握好火候，不可使果脯翻滚，煮沸后保持微沸，使糖液缓慢渗入果坯。

3. 干缩问题

干缩现象产生的主要原因是：①果实成熟度不够而引起的吸糖量不足；②煮制浸渍过程中糖液浓度不够而引起吸糖量不足。可酌情调整糖液浓度及浸渍时间。

4. 成品褐变

在果脯加工过程中，褐变现象也是影响质量的一个问题。解决的方法是：①硫处理。大多数新鲜果实中都含有单宁物质，在切开果实后，单宁在果实本身的含酶的作用下，被氧化成红褐色物质，从而使果实颜色变得深暗。在原料预处理过程中，使用0.1%的重亚硫酸钠水溶液浸泡，便可有效地防止果实变色；②热烫处理。果实中大多数酶在60～70℃温度下便失去活性，因此，热烫处理也是防止褐变的有效措施。但果实热烫后必须迅速冷却，以防果实中一些营养物质损失；③抑制非酶褐变。果脯褐变的另一个原因是糖液中糖与果实中氨基酸作用，产生红褐色的黑蛋白素，称为非酶褐变。果实在糖液中熬煮的时间越长，温度过高吸糖液中酸与转化糖含量越多，就越会加速这个反应，因此，应当在达到热烫和煮制目的前提下，尽可能缩短煮制时间。此外，非酶褐变不仅在熬煮时会发生，在果脯干燥过程中也能继续发生，特别是在烘烤果脯时，如果烘房内温度高，通风不良，室内湿度过大，延长了果脯的干燥时间，成品的颜色更容易黑而深暗，这可以从改进烘房设备，缩短干燥时间来解决。

5. 发酵和霉烂

果脯成品由于吸糖量不足和含水量过大，在贮藏中通风不良，卫生条件差，往往会发生霉菌污染，即发生霉变。

防止果脯霉烂的措施：一般情况下，成品中含糖量达68%以上时，任何微生物都难以生存。另外，要控制成品的含水量，加强加工和贮藏中的卫生管理；对于低糖果脯，可适当添加防腐剂。

(二) 杏酱

1. 变色

造成杏酱变色的原因很多，比如金属离子引起的变色、单宁的氧化、糖的焦化等。

防治方法包括：加工中操作迅速，碱液去皮后务必洗净残碱，迅速预煮，破坏酶的活性。不用铜、铁等材料制造工具。尽量缩短加热时间，浓缩中不断搅拌，防止焦化。浓缩结束后迅速装罐、杀菌，散装果酱要尽快冷却。贮藏温度不宜过高，以20℃左右为宜。

2. 结晶

结晶是由于酱体中转化糖含量低造成的。

防治方法：严格控制配方，使杏酱中蔗糖与转化糖比例一定。浓缩中对酸含量低的果品适当加入柠檬酸，也可用淀粉糖浆（一般为总糖量的20%）代替部分砂糖，或加入0.35%的果胶提高杏酱黏度。

3. 汁液分离

由于果胶含量低或果块软化不充分，果胶未充分溶出，或因浓缩时间短，未形成良好的凝胶。

防治方法：充分软化果块，使原果胶水解而溶出。对果胶含量低的可适当增加糖量。添加果胶增加凝胶作用。为增加果胶含量，可在浓缩时加入1/5～1/4成熟度较低（七八成熟）的果块。

4. 发霉变质

防治方法：严格分选原料，剔尽霉烂原料，原料库房要严格消毒，保持良好的通风。要彻底洗净原料表面的污物。车间、器具、人员要加强卫生管理。装罐中严防灌装头或瓶口污染。

五、成品质量标准及评价

《蜜饯质量通则》（GB/T 10782—2021）规定了蜜饯的术语和定义、产品分类、原辅料、技术要求、检验方法、检验规则、标签和标志、包装、贮运、销售等质量要求。《果酱》（GB/T 22474—2008）规定了果酱的相关术语和定义、产品分类、要求、检验方法和检验规则以及标签标识要求。此外，对于果脯果酱产品，污染物限量应符合 GB 2762 的规定；真菌毒素限量应符合 GB 2761 的规定；农药残留应符合 GB 2763 的规定；致病菌限量应符合 GB 29921 的规定。

依据上述规定，整理出哈密瓜果脯和杏酱成品应符合的质量安全标准如表2和表3所示。

表2 哈密瓜果脯质量安全指标

产品指标		指标要求	标准法规来源	检验方法
原料要求		应符合相关国家标准或行业标准的规定		
感官要求		具有品种应有的形态、色泽、组织、滋味和气味，无异味，无霉变，无杂质，允许有糖、盐结晶析出	GB/T 10782	GB/T 10782
理化指标	水分	≤35g/100g		GB 5009.3
	总糖	≤85g/100g（以葡萄糖计）		GB/T 10782
	氯化钠	—（以 NaCl 计）		GB 5009.44
	净含量	净含量要求见《定量包装商品计量监督管理办法》		JJF 1070
污染物限量	铅	≤1.0mg/kg（以 Pb 计）	GB 2762	GB 5009.12
	锡	≤250mg/kg（以 Sn 计。仅适用于采用镀锡薄板容器包装的食品）		GB 5009.16
致病菌限量	沙门氏菌	$n=5$, $c=0$, $m=0/25g$（mL），$M=—$	GB 29921	GB 4789.4
	金黄色葡萄球菌	$n=5$, $c=1$, $m=100CFU/g$（mL），$M=1000CFU/g$（mL）		GB 4789.10

表3 杏酱质量安全指标

产品指标		指标要求	标准法规来源	检验方法
原料要求		应符合国家相关法规和标准的规定		
感官要求	色泽	有该品种应有的色泽	GB/T 22474	GB/T 22474
	滋味与口感	无异味，酸甜适中，口味纯正，具有该品种应有的风味		
	杂质	正常视力下无可见杂质，无霉变		
	组织状态	均匀，无明显分层和析水，无结晶		
理化指标	可溶性固形物	≥25（以20℃折光计）		GB/T 10786
微生物要求	大肠菌群	应符合GB 19302的规定		GB/T 4789.24
	霉菌	应符合GB 19302的规定		
	菌落总数	应符合GB 7099—2015中"冷加工"的规定		GB 4789.24
污染物限量	铅	≤1.0mg/kg（以Pb计）	GB 2762	GB 5009.12
	总砷	≤0.5mg/kg（以As计）	GB/T 22474	GB 5009.11
	锡	≤250mg/kg（以Sn计。仅适用于采用镀锡薄板容器包装的食品）	GB 2762	GB 5009.16
致病菌限量	沙门氏菌	$n=5$，$c=0$，$m=0/25g$（mL），$M=$—	GB 29921	GB 4789.4
	金黄色葡萄球菌	$n=5$，$c=1$，$m=100CFU/g$（mL），$M=1000CFU/g$（mL）		GB 4789.10

实训工作任务单

学习项目	果脯、果酱加工技术	工作任务	杏酱制作
时间		工作地点	
任务内容	杏酱的制作，包括杏的清洗、预处理、打浆、调配、浓缩等操作		
工作目标	素质目标 1. 了解中国果脯、果酱加工行业近几年基本情况 2. 了解主要果脯、果酱的行业特点 技能目标 1. 能够根据标准要求进行果脯、果酱加工原辅料的验收 2. 能够根据果脯、果酱原辅料特点和成分对加工工艺参数进行调整 3. 能够预防和解决果脯、果酱加工过程中的主要质量安全问题 知识目标 1. 掌握新疆常见果脯、果酱的原料水果的主要理化成分和加工特点 2. 掌握果脯、果酱加工的主要原辅料及其验收要求 3. 掌握典型果脯、果酱加工的主要工艺流程和关键工艺参数 4. 掌握果脯、果酱加工中的主要质量安全问题及防（预防）治（解决）方法 5. 掌握果脯、果酱成品的质量安全标准要求及其评价方法		

续表

产品描述	请描述该产品的特点，感官性状，营养成分等
实验设备	请列举本次实验使用的设备，并描述操作要点
操作要点	请根据课程学习和实验操作填写杏酱制作的工艺流程和操作要点
成果提交	实训报告，杏酱产品
相关标准/验收标准	请根据课程学习和实验操作填写杏酱的相关验收标准，包括指标名称、指标要求、检测方法、来源标准法规
实验心得	本次实验有哪些收获？产品的关键控制点和容易出现的问题有哪些
提示	

工作考核单

学习项目	果脯果酱加工技术		工作任务	杏酱制作		
班级			组别		（组长）姓名	
序号	考核内容	考核标准	分数	权重		
				自评 30%	组评 30%	教师评 40%
1	学习态度	积极主动，实事求是，团队协作，律己守纪				
2	组织纪律	上课考勤情况				
3	任务领会与计划	理解生产任务目标要求，能查阅相关资料，能制订生产方案				
4	任务实施	能根据生产任务单和作业指导书实施生产步骤，完成任务				
5	项目验收	依据相关技术资料对完成的工作任务进行评价				
6	工作评价与反馈	针对任务的完成情况进行合理分析，对存在问题展开讨论，提出修改意见				
	合计					
评语						

指导老师签字_____

任务三　果汁加工

学习目标

【素质目标】

1. 了解中国果汁加工行业近几年基本情况
2. 能够列举援疆工程对新疆水果行业发展影响的重大事件

【技能目标】

1. 能够根据标准要求进行果汁加工原辅料的验收
2. 能够根据原辅料特点和成分对加工工艺参数进行调整
3. 能够预防和解决果汁加工过程中的主要质量安全问题

【知识目标】

1. 掌握常见果汁原料水果的主要理化成分和加工特点
2. 掌握果汁加工的主要原辅料及其验收要求
3. 掌握典型果汁加工的主要工艺流程和关键工艺参数
4. 掌握果汁加工中的主要质量安全问题及防（预防）治（解决）方法
5. 掌握果汁成品的质量安全标准要求及其评价方法

任务资讯（任务案例）

近几年，我国果汁和蔬菜汁产量在1500万吨左右。2021年上半年，我国果汁和蔬菜饮料类产量为825.6万吨，同比增长17.32%。当前，我国果汁消费市场庞大，从我国消费者日益增长的消费水平来看，未来我国果汁需求还有更加庞大的发展空间。据统计，2021年中国果汁行业市场规模为1309亿元，同比增长2.9%。

新疆果蔬种植总面积已达两千多万亩，形成南疆环塔里木盆地种植红枣、核桃、番茄、杏、梨、苹果，东疆吐鲁番、哈密地区种植鲜食葡萄、红枣，北疆伊犁河谷、天山北坡种植鲜食和酿酒葡萄、枸杞、番茄等特色鲜明的林果基地。

近年来，各援疆省市根据受援地资源禀赋、区位条件、产业基础，用好中央提供的差别化产业政策，大力发展设施农业、特色农业、农副产品加工业等特色优势产业。援疆工程实施以来，全国各地以不同方式支持新疆水果行业的发展。例如，2021年，金华市援疆指挥部通过金华市"十城百店"销售网络共为新疆阿克苏地区温宿县销售特色农产品15.25万吨，销售额达15.7亿元，销售量和销售额均创历史新高。又如，2021年10月，广州援疆工作队从广东移栽36亩火龙果，到疏附县进行试种并取得了成功，预计达到丰产期之后，每个棚每年可以达到亩产3000公斤，产值3万元。

新疆的果蔬资源有近千个品种，其中优良品种约300个，如闻名中外的无核白葡萄、库尔勒香梨等。新疆番茄酱加工规模占全国总量的90%以上，胡萝卜汁产量占全国总量的70%，葡萄酒（汁）的生产规模占据全国总量的17%。但是，新疆果蔬产业仍是以鲜果、果脯、干果销售为主，果蔬加工停留在初级加工阶段，每年都会有大量非商品果因缺乏有效加工而造成浪费。

任务发布

针对以上情况，新疆某企业欲新上果汁生产线，生产浓缩苹果汁和葡萄汁。请问该企业生产这几种果汁的原辅料验收要求是什么？主要工艺流程有哪些？生产过程卫生控制要符合哪些要求？该企业生产过程中可能面临哪些质量安全问题？如何预防和改善？该企业成品的验收标准有哪些？

任务分析

依据《食品安全国家标准 饮料》（GB 7101—2015），饮料即饮品，是指经过定量包装的，供直接饮用或用水冲调饮用的，乙醇含量不超过质量分数为0.5%的制品。

依据《果蔬汁类及其饮料》（GB/T 31121—2014），果汁是指以水果为原料，采用物理方法制成的可发酵但未发酵的汁液制品，或在浓缩果汁中加入其加工过程中除去的等量水分复原制成的汁液制品。其中，原榨果汁又称非复原果汁，是指以水果为原料，采用机械方法直接制成的可发酵但未发酵的、未经浓缩的汁液制品。果汁饮料是指以果汁或浓缩果汁和水为原料，添加或不添加其他食品原辅料和（或）食品添加剂，经加工制成的制品。果汁和果汁饮料最大的区别是果汁中由水果榨取的果汁成分的含量必须为100%，而果汁饮料中果汁含量≥10%即可，并且可以添加水、食品添加剂以及其他食品原辅料。

要进行苹果汁和葡萄汁的加工，需要根据食品生产许可的要求具备环境场所、设备设施、人员制度等方面的要求，获得果汁品类的食品生产许可证，才能开展生产工作。在果汁的加工方面，首先需要了解榨汁用苹果和葡萄的主要品种，以及各个品种的主要理化成分和加工特点，根据标准要求验收采购原料；其次，要按照果汁加工的基本工艺流程和参数开展生产加工，在加工过程中要利用各种技术手段预防或解决各类产品质量安全问题，确保产品质量安全；最后，要根据成品标准对成品进行检验。

任务实施

一、生产规范要求

（一）环境场所

良好的卫生环境是生产安全食品的基础，果汁企业的生产环境应符合《食品安全国家标准 食品生产通用卫生规范》（GB 14881）、《食品安全国家标准 饮料生产卫生规范》（GB

12695）等相关标准的相关要求，厂区选址应远离污染源，周围无虫害大量孳生的潜在场所，环境整洁。厂区布局合理，各功能区域划分明显，包括原辅料库、生产车间、检验室等；设计与布局合理，便于设备的安装、清洗、消毒等；道路硬化，铺设混凝土、沥青或者其他硬质材料；厂区绿化与生产车间保持适当距离，生活区及生产区分开。有合理的排水系统，污水处理设施等应当远离生产区域和主干道，并位于主风向的下风处，排放应符合相关规定。生产区建筑物与外源公路或道路应保持一定距离或封闭隔离，并设有防护措施。厂区内禁止饲养禽、畜。车间内生产工艺布局合理，满足食品卫生操作要求，根据产品特点、生产工艺及生产过程对清洁程度的要求，合理划分作业区，避免交叉污染。

果汁饮料的生产车间依其清洁度要求一般分为：一般作业区（以水果为原料的清洗区、水处理区、仓储区、外包装区等）、准清洁作业区（杀菌区、配料区、预包装清洗消毒区等）、清洁作业区（灌装防护区等）。生产食品工业用浓缩液（汁、浆）的还应设置原料清洗区（与后续工序有效隔离）。对于有后杀菌工艺的，灌装防护区可设在"准清洁作业区"，杀菌区可设在"一般作业区"。生产场所或生产车间入口处应设置更衣室，洗手、干手和消毒设施，换鞋（穿戴鞋套）或工作鞋靴消毒设施。清洁作业区入口应设置二次更衣区，洗手、干手和（或）消毒设施，换鞋（穿戴鞋套）或工作鞋靴消毒设施。清洁作业区应满足相应空气洁净度要求。静态时空气洁净度应至少达到10万级要求，如生产非直接饮用食品如食品工业用浓缩液（汁、浆）等，可豁免上述要求。准清洁作业区及清洁作业区应相对密闭，清洁作业区设有空气处理装置和空气消毒设施。

（二）设备设施

果汁生产企业应配备与生产能力和实际工艺相适应的设备，生产设备应有明显的运行状态标识，并定期维护、保养和验证。设备安装、维修、保养的操作不应影响产品质量和食品安全。设备应进行验证或确认，确保各项性能满足工艺要求，无法正常使用的设备应有明显标识。

果汁生产所需设备一般包括：水处理设备、配料设施、过滤设备（需过滤的产品）杀菌设备（需杀菌的产品）、自动灌装封盖（封口）设备、生产日期标注设备、工器具的清洗消毒设施等，设备鼓励采用全自动设备，避免交叉污染和人员直接接触待包装食品。根据工艺需要配备包装容器清洁消毒设施，如使用周转容器生产，应配备周转容器的清洗消毒设施。

二、原辅材料要求

（一）榨汁用苹果和葡萄品种及其成分

新疆苹果产品品种较多，其中适合榨汁的包括红富士、阿克苏苹果等。新疆葡萄主要种无核白葡萄，还有马奶子、红葡萄、喀什喀尔、百加干、琐琐等13个品种。

根据《中国食物成分表》（2018年版），苹果和葡萄的主要成分见表1和表2。

表1 苹果一般营养素成分表（以每100g可食部计）

食物成分名称	食物名称	
	苹果（代表值）[1]	红富士苹果
水分/g	86.1	86.9

续表

食物成分名称	食物名称	
	苹果（代表值）[1]	红富士苹果
能量/kJ	227	205
蛋白质/g	0.4	0.7
脂肪/g	0.2	0.4
碳水化合物/g	13.7	11.7
不溶性膳食纤维/g	1.7	2.1
胆固醇/mg	0	0
灰分/g	0.2	0.3
维生素 A/μg RAE	4	5
胡萝卜素/μg	50	60
视黄醇/μg	0	0
维生素 B_1/mg	0.02	0.01
维生素 B_2/mg	0.02	—[2]
烟酸/mg	0.20	—
维生素 C/mg	3.0	2.0
维生素 E/mg	0.43	1.46
钙/mg	4	3
磷/mg	7	11
钾/mg	83	115
钠/mg	1.3	0.7
镁/mg	4	5
铁/mg	0.3	0.7
锌/mg	0.04	—
硒/μg	0.10	0.98
铜/mg	0.07	0.06
锰/mg	0.03	0.05

表 2 葡萄一般营养素成分表（以每 100g 可食部计）

食物成分名称	食物名称	
	葡萄（代表值）	葡萄（马奶子）
水分/g	88.5	89.6
能量/kJ	185	172
蛋白质/g	0.4	0.5
脂肪/g	0.3	0.4

续表

食物成分名称	食物名称	
	葡萄（代表值）	葡萄（马奶子）
碳水化合物/g	10.3	9.1
不溶性膳食纤维/g	1.0	0.4
胆固醇/mg	0	0
灰分/g	0.3	0.4
维生素 A/μg RAE	3	4
胡萝卜素/μg	40	50
视黄醇/μg	0	0
维生素 B_1/mg	0.03	Tr^3
维生素 B_2/mg	0.02	0.03
烟酸/mg	0.25	0.80
维生素 C/mg	4.0	—
维生素 E/mg	0.86	—
钙/mg	9	—
磷/mg	13	—
钾/mg	127	—
钠/mg	1.9	—
镁/mg	7	—
铁/mg	0.4	—
锌/mg	0.16	—
硒/μg	0.11	—
铜/mg	0.18	—
锰/mg	0.04	—

注：1. 代表值是指当来自不同地区的同一种食物有多个的时候，为了便于使用，《中国食物成分表》（2018 年版）对不同产区或不同品种的多条同个食物营养素含量计算了"x"代表值。

2. 符号"—"，表示未检测，理论上食物中应该存在一定量的该种成分，但未实际检测。

3. 符号"Tr"，表示未检出或微量，低于目前应用的检测方法的检出限或未检出。

（二）榨汁用苹果和葡萄验收要求

依据《食品安全国家标准 饮料》（GB 7101—2015），果汁的原料应符合相应的食品标准和有关规定。例如，生产苹果汁和葡萄汁所使用的苹果和葡萄应分别符合相应食品安全国家标准的要求，污染物限量应符合 GB 2762 的规定；真菌毒素限量应符合 GB 2761 的规定；农药残留应符合 GB 2763 的规定。

依据《果蔬汁类及其饮料》（GB/T 31121—2014），生产果汁用的原料应新鲜、完好，并符合相关法律和国家标准等。可使用物理方法保藏的，或采用国家标准及有关法规允许的适当方法（包括采后表面处理方法）维持完好状态的水果或干制水果。

依据《浓缩苹果汁》（GB/T 18963—2012），生产浓缩苹果汁使用的苹果应成熟、洁净、无落地果，腐烂率小于5%。农药残留应符合 GB 2763 的要求。

（三）加工用水要求

水是果蔬汁饮料生产中的重要原料，85%以上的成分是水。生产果汁必须预先分析生产用水的质量，了解各组分的纯度等情况。然后确定处理水的方案，满足饮料用水的水质要求。饮料产品使用水源需要满足《生活饮用水卫生标准》（GB 5749）中的要求。果蔬汁饮料用水水源通常来自地表水、地下水和自来水，不同水源具有不同的特点。其中，城市自来水主要是指地表水经过适当的水处理工艺，水质达到一定要求并贮存在水塔中的水。由于饮料厂多数设于城市，以自来水为水源，故在此也作为水源考虑。其特点为：水质好且稳定，符合生活饮用水标准；水处理设备简单，容易处理，一次性投资小；但水价高，经常使用费用大；使用时要注意控制 Cl^-、Fe^{3+} 含量及碱度、微生物量。

三、加工工艺操作

依据《饮料生产许可审查细则》，果汁的工艺流程一般包括：原料水果预处理（以水果为原料）、榨汁（以水果为原料）、澄清（清汁）、过滤（清汁）、杀菌、离心（浊汁）、稀释（以浓缩果汁为原料）、灌装封盖（口）和灯检（或自动监测）等。

浓缩果汁的工艺流程一般包括：原料水果预处理、榨汁、澄清（清汁）、过滤（清汁）、杀菌、离心（浊汁）、浓缩、灌装封盖（口）和自动监测等。

果汁类饮料一般包括：水果预处理（以水果为原料的）、榨汁（以水果为原料的）、稀释（以浓缩果汁为原料）、调配、杀菌、灌装封盖（口）和灯检（或自动监测）等。

（一）浓缩苹果汁的加工

浓缩苹果汁体积小，可溶性固形物含量达65%~68%，可节约包装及运输费用，能使产品较长期保藏。

1. 工艺流程

原料→洗果→洗涤→破碎→榨汁→澄清→杀菌→浓缩→灌装→成品。

2. 操作要点

（1）原料的进货与中间贮存：原料苹果通常以散装或大筐包装形式进货，并利用企业内部的仓库进行中间贮存。

（2）清洗和挑选：在加工前，苹果原料必须清洗和挑选，清除污物和腐烂果实。目前，果汁加工企业一般采用水流输送槽进行苹果的预清洗作业，该作业一般在垂直或水平螺旋输送机用喷射水流完成，也可以使用刷式水果清洗机进行清洗。清洗前或清洗后由人工在输送带上进行挑选。

（3）破碎和果浆处理：苹果的破碎应符合所采用的榨汁工艺要求。如采用包裹式榨汁机，果浆粒度宜细，2~6mm；如采用室式、带式或螺旋榨汁机，果浆的颗粒宜大些。直至开始榨汁时始终保持果浆的粒度。果浆不应进行中间贮存而应直接送去榨汁，以避免褐变等问题。

酶处理的方法是将果浆迅速加热到40~45℃，在容器中搅拌15~20min，通风（预氧化），添加0.02%~0.03%高活性酶制剂，在45℃处理3~4h并间歇缓慢搅拌。酶处理果浆的目的是提高苹果汁出汁率。

（4）榨汁和浸提：适合苹果的榨汁机类型很多。成熟的新鲜原料出汁率为68%～86%，平均在78%～81%。经过一定时间贮存的原料或过熟原料，出汁率显著下降。增加榨汁助剂或加酶处理可以提高出汁率。苹果含有1.5%～5%的水溶性物质，理论上出汁可以达到95%～98.5%，但用压榨的方法，苹果的平均出汁率实际上只能达到78%～81%，苹果残渣中仍然含有一部分苹果汁。因此，在压榨果汁后，通常用离心分离方法去除苹果汁中较大的果肉颗粒。

（5）芳香物质回收：将果汁除去混浊物，经热交换器加热后泵入芳香物质回收装置中，芳香物质随水分蒸发一同逸出。在一般情况下，芳香物质回收时以果汁水分蒸发量为15%，苹果芳香物质浓缩液的浓度为1∶150时为最佳。

（6）澄清：澄清是浓缩前的一个重要的预处理措施。常用的几种苹果汁澄清工艺为：50℃酶处理，时间1～2h；在室温（20～25℃）下，果汁存放在大罐中进行冷法酶处理，处理时间为6～8h；在无菌的果汁中加入无菌的酶制剂和澄清剂进行酶处理，2～3d后苹果汁中的果胶会完全溶解。

（7）浓缩：苹果汁浓缩设备的蒸发时间通常为几秒钟或几分钟，蒸发温度通常为55～60℃，有些浓缩设备的蒸发温度可以低至30℃。

苹果汁浓缩的主要方法有真空浓缩、冷冻浓缩、反渗透浓缩。澄清果汁经真空浓缩设备浓缩到1/5～1/7，糖度65%～68%。因为果胶、糖和酸共存会形成一部分凝胶，所以混浊果汁浓缩限度为1/4。

（8）灌装与贮存：经过浓缩的苹果浓缩汁应该迅速冷却到10℃以下后灌装。如果采用低温蒸发浓缩设备进行浓缩，需要用板式热交换器把浓缩汁加热到80℃，保温几十秒钟后热灌装，封口后迅速冷却。灌装后的浓缩汁应该在0～4℃下冷藏。

（二）葡萄汁的加工技术

1. 工艺流程

原料→选择→清洗→去梗→破碎→加热提色→压榨→过滤→调配→澄清→加热→装罐→杀菌→冷却。

2. 操作要点

（1）原料：制汁的原料要求果实新鲜良好、完全成熟、呈现本品种应有的色泽、无腐烂及病虫害。未熟果的色、香、味差，酸味浓；过熟果、机械损伤果易引起酵母繁殖，风味不正。

（2）选择清洗：剔除不合格原料，摘除未熟果、裂果、霉烂果等。用0.03%的高锰酸钾溶液浸果3min，再用流动水漂洗干净。

（3）除梗破碎：去除果梗，同时进一步挑选，剔除不合格果粒。去梗后用破碎机破碎，或使用葡萄联合破碎机同时完成去梗及破碎处理。

（4）加热提色：破碎后加热至60～62.7℃，保持15min，使果皮中色素充分溶入汁液中，这是红葡萄汁增色的重要工序。白色葡萄可不用加热处理。

（5）压榨过滤：用压榨机取汁。压榨时可加入0.2%果胶酶和0.5%的精制木质纤维，以提高出汁率。榨出的果汁要经过滤除渣。

（6）调配：用糖液将果汁糖度调至16%，然后在果汁中添加偏酒石酸溶液，每100kg果汁加2%偏酒石酸溶液3kg，以防止果汁中酒石结晶析出。

（7）澄清：可采用明胶—单宁法。根据果汁自身所含果胶及单宁的情况，一般在100kg果汁中加入4~6g单宁，8h后再加入6~10g明胶。澄清温度以8~12℃为宜。

（8）装罐及密封：将澄清后的葡萄汁加热到80℃，然后装入预先已消过毒的玻璃瓶中，加盖封口。

（9）杀菌及冷却：热水杀菌，温度85℃，时间15min，分段冷却至35℃。

（三）果汁加工废弃物处理

1. 废渣处理

目前果汁加工行业的废渣处理主要包括用作饲料、提取其他有效功能成分等。以苹果汁生产的废弃物苹果渣为例，从营养成分的角度分析，苹果渣可以用来生产苹果醋、提取果胶、膳食纤维、苹果皮色素等。

苹果渣富含膳食纤维，粗纤维含量与啤酒糟类接近，除了少量果梗为木质素成分外，果肉、果皮多为半纤维素和纤维素，属于中能量低蛋白粗饲料，安全可靠。干苹果渣的是果胶含量为15%~18%，苹果胶的主要成分为多聚半乳糖醛酸甲酯，与糖和酸在适当条件下可形成凝胶，是一种安全的食品添加剂。以苹果渣为原料，经过固态发酵可以生产柠檬酸，还可发酵提取酒精等。

2. 废水处理

果汁废水属于高浓度有机废水，水质水量变化大，其特点：有机物浓度高；含有果胶等胶体，废水黏性大；含有大量的果渣、果肉、果屑等物质；废水排放不均匀、水质水量变化大；可生化性强；pH较低，最低时可达4.0左右；营养成分单一，C/N较高，缺乏氮、磷元素；受苹果收购季节的影响，果汁加工一般在7~12月，其余阶段处于停产或深加工状态，这段时间果汁废水量很小，几乎不排放废水。

果汁废水属于高浓度有机废水，用常规的废水处理方法难以使其达标排放或超出经济承受能力。目前多采用以生化为主、生化与物化相结合的工艺处理果汁废水，另外还有新的处理方法和工艺优化组合正在试验研究，并取得了理想的成效，不久将应用于实际中。由于果汁废水中污染物浓度较高，常采用厌氧和好氧的组合工艺，如水解酸化—接触氧化、UASB—接触氧化、水解酸化—UASB—接触氧化等。

四、主要质量问题及防（预防）治（解决）方法

果汁在生产、储藏及销售过程中经常会出现败坏、变色、变味等质量安全问题，以下对这些现象产生的原因进行分析，并介绍常用的解决方法。

（一）果蔬汁的褐变

果汁容易发生非酶褐变，产生黑色物质，使其颜色加深。非酶褐变引起的变色对浓缩果汁色泽影响较大，因为褐变反应的速度随反应物的浓度增加而加快。影响非酶褐变的因素主要还有温度和pH值，果汁加工中应尽量降低受热程度，将pH值控制在3.2以下，避免与非不锈钢的器具接触，以延缓果汁的非酶褐变。

果实组织中的酶在破碎、取汁、粗滤、泵输送等加工过程中接触空气，多酚类物质在酶的催化下氧化变色，即果汁发生酶褐变。在金属离子作用下，果汁的酶褐变速度更快，生产

中除采用减少空气，避免金属离子作用以及低温、低pH值储藏等方法外，还可添加适量的抗坏血酸及苹果酸等抑制酶褐变，以减轻果汁色泽变化。

（二）果汁的败坏

果汁败坏常表现在变味上，如酸味、酒精味、臭味、霉味等，也会出现表面长霉、浑浊和发酵，这些都是由细菌、霉菌和酵母等微生物生长繁殖引起腐败造成的。

1. 细菌引起的败坏

果蔬中常见的细菌有乳酸菌、醋酸菌和丁酸菌。乳酸菌耐二氧化碳，在真空和无氧条件下繁殖生长，其耐酸力强，当温度低于8℃时活动受到限制，除产生乳酸外，还可能导致果汁产醋酸、丙酸、乙醇等，并产生异味。醋酸菌、丁酸菌等能在厌氧条件下迅速繁殖，引起苹果汁的败坏，使汁液产生异味，对低酸性果汁具有极大危害。

2. 霉菌引起的败坏

霉菌主要侵染新鲜水果原料，当原料受到机械伤后，霉菌迅速侵入，造成果实腐烂，霉菌污染的原料混入后易引起加工产品的霉味。这类菌大多数都需要氧气，对二氧化碳敏感，热处理时大多数被杀死。霉菌在果汁中破坏果胶引起果汁浑浊，分解原有的有机酸，产生新的异味酸类，使果汁变味。

3. 酵母菌引起的败坏

酵母是引起果汁败坏的重要微生物，可引起果汁发酵产生乙醇和大量的二氧化碳，发生浑浊、胀罐现象，甚至会使容器破裂。有时可产生有机酸，或分解果实中原有的酸，有时也可产生酯类物质等。

果汁中所含的化学成分如碳水化合物、有机酸、含氮物质、维生素以及矿物质等均是微生物生长活动所必需的，因此在加工过程中应采取各种措施，尽量避免微生物污染。如采用新鲜、健全、无霉烂、无病虫害的原料取汁；注意原料榨汁前的清洗消毒工作，尽量减少原料外表的微生物数量；防止半成品积压，尽量缩短原料预处理时间；严格车间、设备、管道、容器、工具的清洁卫生，并严格加工工艺；在保证果汁饮料质量的前提下，杀菌必须充分，适当降低果汁的pH值，有利于提高杀菌的效果。只有这样，才能减少微生物的污染，生产出品质较好的产品。

（三）果汁的浑浊与沉淀

澄清果汁要求汁液清亮透明，浑浊果汁要求有均匀的浑浊度，但果汁生产后在储藏销售期间常达不到要求，易出现异常，例如苹果和葡萄等澄清汁常出现浑浊和沉淀。

1. 澄清果汁的浑浊沉淀

引起澄清果汁浑浊沉淀的主要原因是加工过程中澄清处理不当、杀菌不彻底或杀菌后微生物再污染。由于微生物活动并产生多种代谢产物，而导致浑浊沉淀；果汁中的悬浮颗粒以及易沉淀的物质未充分除去，在杀菌后储藏期间会继续沉淀；加工用水未达到饮用水标准，带来沉淀和浑浊的物质；金属离子与果汁中的有关物质发生反应产生沉淀；调配时糖和其他物质质量差，可能会有导致浑浊沉淀的杂质；香精水溶性低或用量过大，从果汁中分离出来引起沉淀等。

澄清汁出现浑浊和沉淀的原因是多方面的，为防止不同果汁的浑浊和沉淀需要根据具体情况采取相应措施。在加工过程中严格澄清和杀菌质量，是减轻果汁浑浊和沉淀的重要保障。

2. 浑浊果汁的沉淀和分层

导致浑浊果汁产生沉淀和分层现象的主要原因包括如下方面。果汁中残留的果胶酶水解果胶，使汁液黏度下降，引起悬浮颗粒沉淀；微生物繁殖分解果胶，并产生导致沉淀的物质；加工用水中的盐类与果汁的有机酸反应，破坏体系的pH值和电性平衡，引起胶体及悬浮物质的沉淀；香精的种类和用量不合适，引起沉淀和分层；果汁中所含的果肉颗粒太大或太小不均匀，在重力的作用下沉淀；果汁中的气体附着在果肉颗粒上时使颗粒的浮力增大，引起果汁分层；果汁中果胶含量少，体系强度低，果肉颗粒不能抵消自身的重力而下沉等。

导致浑浊果汁分层和沉淀的原因还有很多，要根据具体情况进行预防和处理。但在榨汁前后对果蔬原料，或果汁进行加热处理，破坏果胶酶的活性，严格均质脱气和杀菌操作是防止浑浊果汁沉淀和分层的主要措施。

五、成品质量标准及评价

《食品安全国家标准 饮料》（GB 7101—2015）标准规定了果汁饮料的感官要求、重金属限量要求等食品安全要求及其检测方法。其中规定，污染物限量应符合GB 2762的规定；真菌毒素限量应符合GB 2761的规定；农药残留应符合GB 2763的规定；致病菌限量应符合GB 29921的规定。

《果蔬汁类及其饮料》（GB/T 31121—2014）规定了果汁饮料的感官要求、果汁含量、可溶性固形物含量等质量要求及其检测方法。

《食品安全国家标准 食品工业用浓缩液（汁、浆）》（GB 17325—2015）规定了食品工业用浓缩果汁的食品安全要求。《浓缩苹果汁》（GB/T 18963—2012）规定了浓缩苹果汁的感官和质量要求。

依据上述规定，整理出苹果汁和葡萄汁成品应符合的质量安全标准如表3～表6所示。

表3 苹果汁质量安全指标

产品指标要求		指标要求	标准法规来源	检验方法
原料要求		原料应符合相应食品标准和有关规定	GB 7101	
原料要求		原料应新鲜、完好，并符合相关法规和国家标准等。可使用物理方法保藏的，或采用国家标准及有关法规允许的适当方法（包括采后表面处理方法）维持完好状态的水果、蔬菜或干制水果、蔬菜	GB/T 31121	
感官要求	色泽	具有该产品应有的色泽	GB 7101	GB 7101
感官要求	滋味/气味	无异味，无异臭	GB 7101	GB 7101
感官要求	状态	无正常视力可见外来异物，液体饮料状态均匀	GB 7101	GB 7101

续表

产品指标要求		指标要求	标准法规来源	检验方法
感官要求	色泽	具有所标示的该种（或几种）水果、蔬菜制成的汁液（浆）相符的色泽，或具有与添加成分相符的色泽	GB/T 31121	
	滋味和气味	具有所标示的该种（或几种）水果、蔬菜制成的汁液（浆）应有的滋味和气味，或具有与添加成分相符的滋味和气味；无异味		
	组织状态	无外来杂质		
理化指标	锌、铜、铁总和	≤20（mg/L）	GB 7101	GB 5009.13 或 GB 5009.14 或 GB 5009.90
	果汁（浆）或蔬菜汁（浆）含量（质量分数）	100%	GB/T 31121	GB/T 31121
	可溶性固形物含量	符合 GB/T 12143 附录 B 中表 B.1 和表 B.2 的要求		GB/T 12143
污染物限量	铅	≤0.05mg/L（以 Pb 计）	GB 2762	GB 5009.12
	锡	≤150mg/kg（以 Sn 计）		GB 5009.16
	三聚氰胺	≤2.5mg/kg	卫生部等 5 部门关于三聚氰胺在食品中的限量值的公告（2011 年第 10 号）	GB/T 22388
微生物要求	菌落总数	$n=5$，$c=2$，$m=10^2$ CFU/mL，$M=10^4$ CFU/mL	GB 7101	GB 4789.2
	大肠菌群	$n=5$，$c=2$，$m=1$ CFU/mL，$M=10$ CFU/mL		GB 4789.3 中的平板计数法
	霉菌	≤20CFU/mL		GB 4789.15
	酵母	≤20CFU/mL		
致病菌限量	沙门氏菌	$n=5$，$c=0$，$m=0/25$mL，$M=$—	GB 29921	GB 4789.4
真菌毒素限量	展青霉素	≤50μg/kg	GB 2761	GB 5009.185

表 4 浓缩苹果汁质量安全指标

产品指标要求		指标要求		标准法规来源	检验方法
原料要求		原料应符合相应食品标准和有关规定		GB 17325	
		原料应符合相应食品标准和有关规定		GB 7101	
		原料应新鲜、完好，符合相关法规和国家标准等。可使用物理方法保藏的，或采用国家标准及有关法规允许的适当方法（包括采后表面处理方法）维持完好状态的水果、蔬菜或干制水果、蔬菜。其他原辅料应符合相关法规和国家标准等		GB/T 31121	
		苹果应成熟、洁净、无落地果，腐烂率小于 5%。农药残留应符合 GB 2763 的要求		GB/T 18963	
感官要求	色泽	具有该产品应有的色泽		GB 17325	GB 17325
	气味/滋味	无异味，无异臭			
	可视状态	无正常视力可见外来异物			
	色泽	具有该产品应有的色泽		GB 7101	GB 7101
	滋味/气味	无异味，无异臭			
	状态	无正常视力可见外来异物，液体饮料状态均匀			
	色泽	具有所标示的该种（或几种）水果、蔬菜制成的汁液（浆）相符的色泽，或具有与添加成分相符的色泽		GB/T 31121	
	滋味和气味	具有所标示的该种（或几种）水果、蔬菜制成的汁液（浆）应有的滋味和气味，或具有与添加成分相符的滋味和气味；无异味			
	组织状态	无外来杂质			
		浓缩苹果清汁	浓缩苹果浊汁		
	色泽	具有苹果固有的滋味和香气，无异味	—	GB/T 18963	GB/T 18963
	外观形态	澄清透明，无沉淀物，无悬浮物	均匀粘稠的汁液，久置允许有少许沉淀		
	可视状态	无正常视力可见外来杂质	—		

续表

产品指标要求		指标要求		标准法规来源	检验方法
理化指标	可溶性固形物（20℃，以折光计）	≥65.0%	≥20.0%	GB/T 18963	GB/T 12143
	可滴定酸（以苹果酸计）	≥0.70%	≥0.45%		GB/T 12456
	花萼片和焦片数	—	<1.0个/100g		
	透光率	≥95.0%	≤10.0%		GB/T 18963
	浊度	≤3.0NTU	—		
	色值	—	≤0.08		
	不溶性固形物	—	≤3%		
	富马酸	≤5.0mg/L	—		SN/T 2007
	乳酸	≤500mg/L			
	羟甲基糠醛	≤20mg/L			GB/T 18932.18
	乙醇	≤3.0g/kg	≤3.0g/kg		GB/T 12143
	果胶试验	阴性	—		GB/T 18963
	淀粉试验	阴性	—		
	稳定性试验	≤1.0NTU	—		
	锌、铜、铁总和	≤20（mg/L）		GB 7101	GB 5009.13 或 GB 5009.14 或 GB 5009.90
	可溶性固形物的含量与原汁（浆）的可溶性固形物含量之比	≥2		GB/T 31121	GB/T 31121
污染物限量	铅	≤0.5mg/L（以Pb计）		GB 2762	GB 5009.12
	锡	≤150mg/kg（以Sn计）			GB 5009.16
	三聚氰胺	≤2.5mg/kg		卫生部等5部门关于三聚氰胺在食品中的限量值的公告（2011年第10号）	GB/T 22388
微生物要求	大肠杆菌	$n=5$, $c=2$, $m=10CFU/mL$, $M=10^2 CFU/mL$		GB 17325	GB 4789.3 平板计数法
	霉菌和酵母	≤$10^2 CFU/mL$			GB 4789.15
	菌落总数	$n=5$, $c=2$, $m=10^2 CFU/mL$, $M=10^4 CFU/mL$		GB 7101	GB 4789.2

续表

产品指标要求		指标要求	标准法规来源	检验方法
微生物要求	大肠菌群	$n=5$, $c=2$, $m=1$CFU/mL, $M=10$CFU/mL	GB 7101	GB 4789.3 中的平板计数法
	霉菌	≤20CFU/mL		GB 4789.15
	酵母	≤20CFU/mL		
致病菌限量	沙门氏菌	$n=5$, $c=0$, $m=0/25$mL, $M=$—	GB 29921	GB 4789.4
真菌毒素限量	展青霉素	≤50μg/kg	GB 2761	GB 5009.185

表5 葡萄汁质量安全指标

产品指标要求		指标要求	标准法规来源	检验方法
原料要求		原料应符合相应食品标准和有关规定	GB 7101	
		原料应新鲜、完好，并符合相关法规和国家标准等。可使用物理方法保藏的，或采用国家标准及有关法规允许的适当方法（包括采后表面处理方法）维持完好状态的水果、蔬菜或干制水果、蔬菜。其他原辅料应符合相关法规和国家标准等	GB/T 31121	
感官要求	色泽	具有该产品应有的色泽	GB 7101	GB 7101
	滋味/气味	无异味，无异臭		
	状态	无正常视力可见外来异物，液体饮料状态均匀		
	色泽	具有所标示的该种（或几种）水果、蔬菜制成的汁液（浆）相符的色泽，或具有与添加成分相符的色泽	GB/T 31121	
	滋味和气味	具有所标示的该种（或几种）水果、蔬菜制成的汁液（浆）应有的滋味和气味，或具有与添加成分相符的滋味和气味；无异味		
	组织状态	无外来杂质		
理化指标	锌、铜、铁总和	≤20（mg/L）	GB 7101	GB 5009.13 或 GB 5009.14 或 GB 5009.90
	果汁（浆）或蔬菜汁（浆）含量（质量分数）	100%	GB/T 31121	GB/T 31121
	可溶性固形物含量	符合 GB/T 12143 附录 B 中表 B.1 和表 B.2 的要求	GB/T 31121	GB/T 12143

续表

产品指标要求		指标要求	标准法规来源	检验方法
污染物限量	铅	≤0.05mg/L（以 Pb 计）	GB 2762	GB 5009.12
	锡	≤150mg/kg（以 Sn 计）		GB 5009.16
	三聚氰胺	≤2.5mg/kg	卫生部等5部门关于三聚氰胺在食品中的限量值的公告（2011年第10号）	GB/T 22388
微生物要求	菌落总数	$n=5$，$c=2$，$m=10^2$CFU/mL，$M=10^4$CFU/mL	GB 7101	GB 4789.2
	大肠菌群	$n=5$，$c=2$，$m=1$CFU/mL，$M=10$CFU/mL		GB 4789.3 中的平板计数法
	霉菌	≤20CFU/mL		GB 4789.15
	酵母	≤20CFU/mL		
致病菌限量	沙门氏菌	$n=5$，$c=0$，$m=0/25$mL，$M=—$	GB 29921	GB 4789.4

表6　浓缩葡萄汁质量安全指标

产品指标要求		指标要求	标准法规来源	检验方法
原料要求		原料应符合相应食品标准和有关规定	GB 17325	
		原料应符合相应食品标准和有关规定	GB 7101	
		原料应新鲜、完好，并符合相关法规和国家标准等。可使用物理方法保藏的，或采用国家标准及有关法规允许的适当方法（包括采后表面处理方法）维持完好状态的水果、蔬菜或干制水果、蔬菜。其他原辅料应符合相关法规和国家标准等	GB/T 31121	
感官要求	色泽	具有该产品应有的色泽	GB 17325	GB 17325
	气味/滋味	无异味，无异臭		
	可视状态	无正常视力可见外来异物		
	色泽	具有该产品应有的色泽	GB 7101	GB 7101
	滋味/气味	无异味，无异臭		
	状态	无正常视力可见外来异物，液体饮料状态均匀		
	色泽	具有所标示的该种（或几种）水果、蔬菜制成的汁液（浆）相符的色泽，或具有与添加成分相符的色泽	GB/T 31121	
	滋味和气味	具有所标示的该种（或几种）水果、蔬菜制成的汁液（浆）应有的滋味和气味，或具有与添加成分相符的滋味和气味；无异味		
	组织状态	无外来杂质		

续表

产品指标要求		指标要求	标准法规来源	检验方法
理化指标	锌、铜、铁总和	≤20mg/L	GB 7101	GB 5009.13 或 GB 5009.14 或 GB 5009.90
	可溶性固形物的含量与原汁（浆）的可溶性固形物含量之比	≥2	GB/T 31121	GB/T 31121
污染物限量	铅	≤0.5mg/L（以 Pb 计）	GB 2762	GB 5009.12
	锡	≤150mg/kg（以 Sn 计）		GB 5009.16
	三聚氰胺	≤2.5mg/kg	卫生部等 5 部门关于三聚氰胺在食品中的限量值的公告（2011 年第 10 号）	GB/T 22388
微生物要求	大肠杆菌	$n=5$，$c=2$，$m=10$CFU/mL，$M=10^2$CFU/mL	GB 17325	GB 4789.3 平板计数法
	霉菌和酵母	≤10^2CFU/mL		GB 4789.15
	菌落总数	$n=5$，$c=2$，$m=10^2$CFU/mL，$M=10^4$CFU/mL	GB 7101	GB 4789.2
	大肠菌群	$n=5$，$c=2$，$m=1$CFU/mL，$M=10$CFU/mL		GB 4789.3 中的平板计数法
	霉菌	≤20CFU/mL		GB 4789.15
	酵母	≤20CFU/mL		
致病菌限量	沙门氏菌	$n=5$，$c=0$，$m=0/25$mL，$M=$—	GB 29921	GB 4789.4

实训工作任务单

学习项目	果汁加工技术	工作任务	苹果汁制作
时间		工作地点	
任务内容	苹果原料的处理，苹果榨汁，苹果汁处理，苹果汁调配，苹果汁杀菌，苹果汁生产过程中存在的质量问题与解决方法		
工作目标	素质目标 1. 了解中国果汁加工行业近几年基本情况 2. 能够列举援疆工程对新疆水果行业发展影响的重大事件 技能目标 1. 能够根据标准要求进行果汁加工原辅料的验收 2. 能够根据原辅料特点和成分对加工工艺参数进行调整		

续表

工作目标	3. 能够预防和解决果汁加工过程中的主要质量安全问题 知识目标 1. 掌握新疆常见果汁原料水果的主要理化成分和加工特点 2. 掌握果汁加工的主要原辅料及其验收要求 3. 掌握典型果汁加工的主要工艺流程和关键工艺参数 4. 掌握果汁加工中的主要质量安全问题及防（预防）治（解决）方法 5. 掌握果汁成品的质量安全标准要求及其评价方法
产品描述	请描述该产品的特点、感官性状、营养成分等
实验设备	请列举本次实验使用的设备，并描述操作要点
操作要点	请根据课程学习和实验操作填写苹果汁制作的工艺流程和操作要点
成果提交	实训报告，苹果汁产品
相关标准/ 验收标准	请根据课程学习和实验操作填写苹果汁的相关验收标准，包括指标名称、指标要求、检测方法、来源标准法规
实验心得	本次实验有哪些收获？产品的关键控制点和容易出现的问题有哪些
提示	

工作考核单

学习项目		果汁加工技术		工作任务		苹果汁制作	
班级				组别		（组长）姓名	

序号	考核内容	考核标准	分数	权重		
				自评	组评	教师评
				30%	30%	40%
1	学习态度	积极主动，实事求是，团队协作，律己守纪				
2	组织纪律	上课考勤情况				
3	任务领会与计划	理解生产任务目标要求，能查阅相关资料，能制订生产方案				
4	任务实施	能根据生产任务单和作业指导书实施生产步骤，完成任务				
5	项目验收	依据相关技术资料对完成的工作任务进行评价				
6	工作评价与反馈	针对任务的完成情况进行合理分析，对存在问题展开讨论，提出修改意见				

续表

序号	考核内容	考核标准	分数	权重		
				自评	组评	教师评
				30%	30%	40%
	合计					

评语	
	指导老师签字_____

任务四 水果罐头加工

学习目标

【素质目标】

1. 了解中国水果罐头加工行业近几年基本情况
2. 能够列举援疆工程对新疆水果行业发展影响的重大事件

【技能目标】

1. 能够根据标准要求进行水果罐头加工原辅料的验收
2. 能够根据原辅料特点和成分对加工工艺参数进行调整
3. 能够预防和解决水果罐头加工过程中的主要质量安全问题

【知识目标】

1. 掌握常见水果罐头原料的主要理化成分和加工特点
2. 掌握水果罐头加工的主要原辅料及其验收要求
3. 掌握典型水果罐头加工的主要工艺流程和关键工艺参数
4. 掌握水果罐头加工中的主要质量安全问题及防（预防）治（解决）方法
5. 掌握水果罐头成品的质量安全标准要求及其评价方法

任务资讯（任务案例）

目前，我国水果罐头的加工已具备一定的技术水平和较大的生产规模，外向型果蔬罐头加工产业布局基本形成；果蔬罐头加工业在我国农产品出口贸易中占有重要地位。果蔬是季节性极强的食物，运输和储存都会增加其深加工的成本，所以果蔬加工企业一般因地制宜，就近建厂取材生产。这就造成了果蔬罐头区域化格局日益明显。据了解，我国果蔬罐头产品已在国际市场占据绝对优势和市场份额。水果罐头年产量可达130多万吨，近60万吨用于出口，出口量约占全球市场的1/6，出口额达4亿多美元。

据《新疆维吾尔自治区2021年国民经济和社会发展统计公报》统计，新疆2021年特色林果产量1789.60万吨，比上年增产0.4%。其中园林水果产量1195.96万吨，增产1.5%。目前，新疆林果种植面积为两千多万亩，占全国林果种植面积的13%，成为全国林果主产区，红枣、葡萄、香梨的面积和产量均排全国第一，新疆已成为名副其实的"瓜果之乡"。这意味着新疆林果业进入规模化、产业化的发展阶段，从种植到销售，从鲜食果品到精深加工，伴随着产业链的不断延伸，水果产业对农民增收、脱贫攻坚，以及农业产业结构调整都发挥了很大的作用。

近年来，各援疆省市根据受援地资源禀赋、区位条件、产业基础，用好差别化产业政策，大力发展设施农业、特色农业、农副产品加工业等特色优势产业。援疆工程实施以来，全国各地以不同方式支持新疆水果行业的发展。例如，2021年，金华市援疆指挥部通过金华市"十城百店"销售网络共为新疆阿克苏地区温宿县销售特色农产品15.25万吨，销售额达15.7亿元，销售量和销售额均创历史新高。又如，2021年10月，广州援疆工作队从广东移栽36亩火龙果，到疏附县进行试种并取得了成功，预计达到丰产期之后，每个棚每年可以达到亩产3000公斤，产值3万元。

新疆的果蔬资源有近千个品种，其中优良品种约300个，如闻名中外的无核白葡萄、库尔勒香梨等。但是，新疆果蔬产业仍是以鲜果、果脯、干果销售为主，果蔬加工停留在初级加工阶段，每年都会有大量非商品果因缺乏有效加工而造成浪费。

任务发布

针对以上情况，新疆得天独厚的优势，生产葡萄罐头和桃罐头，即便是到了冬天依然有新鲜水果的味道。那么生产这几种罐头的原辅料验收要求是什么？主要工艺流程有哪些？生产过程卫生控制要符合哪些要求？企业生产过程中可能面临哪些质量安全问题？如何预防和改善？企业成品的验收标准有哪些？

任务分析

依据《食品安全国家标准 罐头食品》（GB 7098—2015），罐头食品是以水果、蔬菜、食用菌、畜禽肉、水产动物等为原料，经加工处理、装罐、密封、加热杀菌等工序加工而成的商业无菌的罐装食品。

此外,《桃罐头》(GB/T 13516—2014)规定本标准适用于以优良罐藏品种的新鲜、速冻桃或预罐装桃为主要原料,经加工处理、装罐、加汤汁、密封、杀菌、冷却制成的罐藏食品。《葡萄罐头》(QB/T 1382—2014)适用于以新鲜、冷藏或罐藏葡萄为原料,经预处理、加汤汁、密封、杀菌、冷却而制成的葡萄罐藏食品。

要进行桃罐头和葡萄罐头的加工,需要根据食品生产许可的要求具备环境场所、设备设施、人员制度等方面的要求,获得果蔬罐头的食品生产许可证,才能开展生产工作。在水果罐头的加工方面,首先需要了解装罐用桃和葡萄的主要品种,以及各个品种的主要理化成分和加工特点,根据标准要求验收采购原料;其次,要按照水果罐头加工的基本工艺流程和参数开展生产加工,在加工过程中要利用各种技术手段预防或解决各类产品质量安全问题,确保产品质量安全;最后,要根据成品标准对成品进行检验。

任务实施

一、生产规范要求

(一)环境场所

良好的卫生环境是生产安全食品的基础,水果罐头企业的生产环境应符合《食品安全国家标准 食品生产通用卫生规范》(GB 14881)、《食品安全国家标准 罐头食品生产卫生规范》(GB 8950—2016)等相关标准的相关要求,厂区选址应远离污染源,周围无虫害大量孳生的潜在场所,环境整洁。厂区布局合理,各功能区域划分明显,包括原辅料库、生产车间、检验室等;设计与布局合理,便于设备的安装、清洗、消毒等;道路硬化,铺设混凝土、沥青或者其他硬质材料;厂区绿化与生产车间保持适当距离,生活区及生产区分开。有合理的排水系统,污水处理设施等应当远离生产区域和主干道,并位于主风向的下风处,排放应符合相关规定。生产区建筑物与外源公路或道路应保持一定距离或封闭隔离,并设有防护措施。

厂房和车间的内部设计和布局应满足食品卫生操作要求,避免食品生产中发生交叉污染,应根据生产工艺合理布局,预防和降低产品受污染的风险。厂房和车间应根据产品特点、生产工艺、生产特性以及生产过程对清洁程度的要求合理划分作业区,并采取有效分离或分隔,通常可划分为清洁作业区、准清洁作业区和一般作业区;或清洁作业区和一般作业区等。一般作业区应与其他作业区域分隔。厂房内设置的检验室应与生产区域分隔。厂房的面积和空间应与生产能力相适应,便于设备安置、清洁消毒、物料存储及人员操作。内部结构应易于维护、清洁或消毒,应采用适当的耐用材料建造。顶棚应使用无毒、无味、与生产需求相适应、易于观察清洁状况的材料建造。蒸汽、水、电等配件管路应避免设置于暴露食品的上方,如确需设置,应有能防止灰尘散落及水滴掉落的装置或措施。墙面、隔断应使用无毒、无味的防渗透材料建造,在操作高度范围内的墙面应光滑、不易积累污垢且易于清洁;若使用涂料,应无毒、无味、防霉、不易脱落、易于清洁。墙壁、隔断和地面交界处应结构合理、易于清洁,能有效避免污垢积存。门窗应闭合严密,门的表面应平滑、防吸附、不渗透,并易于清洁、消毒，清洁作业区和准清洁作业区与其他区域之间的门应能及时关闭。窗户玻璃应使用不易碎材料，若使用普通玻璃，应采取必要的措施防止玻璃破碎后对原料、包装材料及食品造成污染。窗户如设置窗台，其结构应能避免灰尘积存且易于清洁，可开启的窗户应装有易于清洁的防虫害窗纱。地面应使用无毒、无味、不渗透、耐腐蚀的材料建造，地面的结构应有利于排污和清洗的需要。

（二）设备设施

水果罐头生产企业应配备罐头食品加工车间内接触食品的设备、传送带、操作台、运输车、工器具和容器等，应采用无毒无味、耐腐蚀、不易脱落、无吸收性、易清洗、表面光滑的材料制作，并应易于清洁和保养。不应使用竹木工器具和容器。生产车间避免使用纤维类材质的工器具，如棉纱手套，布质的过滤袋、网，清洁抹布等，如生产需要，企业应制定相应的管理制度，加强安全卫生管理。罐头食品加工车间内所用设备、工器具的结构和固定设备的安装位置都应便于彻底清洗、消毒。盛装废弃物的容器不应与盛装食品的容器混用。废弃物容器应选用耐腐蚀、易清洗的材料制成，并有明显的标识。水果罐头食品杀菌冷却水水质应良好、流量充足，可直接使用符合 GB 5749 要求的生活饮用水。如使用非集中式供水，或输配水管网供水进入池、塔、槽等中间环节，或冷却方法为外循环则应加氯处理，冷却水排放口余氯含量应不低于 0.5mg/L，冷却方法为内循环不需加氯杀菌。

水果罐头必备的生产设备包括：①原料处理设备（如清洗、去皮、预煮机或漂洗桶、槽等）；②分选设备（如去核、切块、修整等工具）；③装罐设施及密封设备（如封口机）或无菌包装设备；④杀菌设备（如杀菌釜或杀菌锅）；⑤冷却设施或场所。

二、原辅材料要求

（一）罐头用桃和葡萄品种及其成分

新疆桃子品种包括水蜜桃、白粉桃、油桃、蟠桃、喀拉布拉桃等。新疆葡萄主要品种为无核白葡萄，还有马奶子、红葡萄、喀什喀尔、百加干、琐琐等 13 个品种。

根据《中国食物成分表》（2018 年版），桃和葡萄的主要成分见表1和表2。

表 1　桃一般营养素成分表（以每 100g 可食部计）

食物成分名称	食物名称	
	桃（代表值）[1]	白粉桃
水分/g	88.9	92.7
能量/kJ	212	110
蛋白质/g	0.6	1.3
脂肪/g	0.1	0.1
碳水化合物/g	10.1	5.5
不溶性膳食纤维/g	1.0	0.9
胆固醇/mg	0	0
灰分/g	0.4	0.4

续表

食物成分名称	食物名称	
	桃（代表值）[1]	白粉桃
维生素 A/μg RAE	2	—[2]
胡萝卜素/μg	20	—
视黄醇/μg	0	0
维生素 B_1/mg	0.01	0.01
维生素 B_2/mg	0.02	0.04
烟酸/mg	0.30	0.20
维生素 C/mg	10.0	9.0
维生素 E/mg	0.71	—
钙/mg	6	7
磷/mg	11	—
钾/mg	127	—
钠/mg	1.7	—
镁/mg	8	—
铁/mg	0.3	—
锌/mg	0.14	—
硒/μg	0.47	—
铜/mg	0.06	—
锰/mg	0.07	—

表 2　葡萄一般营养素成分表（以每 100g 可食部计）

食物成分名称	食物名称	
	葡萄（代表值）	葡萄（马奶子）
水分/g	88.5	89.6
能量/kJ	185	172
蛋白质/g	0.4	0.5
脂肪/g	0.3	0.4
碳水化合物/g	10.3	9.1
不溶性膳食纤维/g	1.0	0.4
胆固醇/mg	0	0
灰分/g	0.3	0.4
维生素 A/μg RAE	3	4

续表

食物成分名称	食物名称	
	葡萄（代表值）	葡萄（马奶子）
胡萝卜素/μg	40	50
视黄醇/μg	0	0
维生素 B_1/mg	0.03	Tr^3
维生素 B_2/mg	0.02	0.03
烟酸/mg	0.25	0.80
维生素 C/mg	4.0	—
维生素 E/mg	0.86	—
钙/mg	9	—
磷/mg	13	—
钾/mg	127	—
钠/mg	1.9	—
镁/mg	7	—
铁/mg	0.4	—
锌/mg	0.16	—
硒/μg	0.11	—
铜/mg	0.18	—
锰/mg	0.04	—

注：1. 代表值是指当来自不同地区的同一种食物有多个的时候，为了便于使用，《中国食物成分表》（2018 年版）对不同产区或不同品种的多条同个食物营养素含量计算了"x"代表值。

2. 符号"—"，表示未检测，理论上食物中应该存在一定量的该种成分，但未实际检测。

3. 符号"Tr"，表示未检出或微量，低于目前应用的检测方法的检出限或未检出。

（二）罐头用桃和葡萄验收要求

依据《食品安全国家标准　罐头食品》（GB 7098—2015），水果罐头的原料应符合相应的食品标准和有关规定。例如，生产桃罐头和葡萄罐头所使用的桃和葡萄应分别符合相应食品安全国家标准的要求，污染物限量应符合 GB 2762 的规定，真菌毒素限量应符合 GB 2761 的规定；农药残留应符合 GB 2763 的规定。

依据《桃罐头》（GB/T 13516—2014），生产桃罐头用的原料应新鲜、冷藏或速冻良好，果实应新鲜饱满、成熟适度、风味正常。白桃应为乳白色至青白色，果皮、果尖、核窝及合缝处允许稍有微红色。无严重畸形、霉烂、病虫害和机械伤所引起的腐烂现象。可采用适合于罐头加工的速冻桃，预罐装桃应符合本标准质量要求。

依据《葡萄罐头》（QB/T 1382—2014），生产葡萄罐头使用的葡萄应新鲜、冷藏良好，大小适中、成熟适度，风味正常，无严重畸形、干瘪、无病虫害及机械伤所引起的腐烂现象。可采用罐藏葡萄，罐藏葡萄应符合本标准质量要求。

三、加工工艺操作

依据《罐头食品生产许可证审查细则》，罐头食品的基本生产流程为：

　　　　　　杀菌→无菌包装
　　　　　　　↑
原辅材料处理→调配（或分选、或加热及浓缩）→装罐→密封→杀菌及冷却。

罐头食品的关键控制环节为：原材料的验收及处理、封口工序、杀菌工序。

（一）白桃罐头的加工

1. 工艺流程

原料筛选→选果、洗果→分级、切半→去核、去皮→预煮、冷却→修整→分选装罐→排汽、密封→杀菌、冷却→检验→成品。

2. 操作要点

（1）原料筛选：果形大而均匀，圆整对称，果肉白色至青白色，尽量避免红色。肉质致密细嫩，风味良好，不溶质，具有韧性耐煮制，粘核、核小、成熟度一致（八成熟左右）。无畸形、霉烂、病虫害和机械伤。

（2）选果洗果：去除机械伤、过生、过熟、软烂、病虫害果及干疤畸形果，用清水洗净。

（3）分级切半：按大小果分开处理，投产时冷藏果果心温度要求在15℃以上。沿合缝线用劈桃机对剖为两半，剖时防止切偏。

（4）去核去皮：切半后用挖核刀挖去桃核，核窝处不得留有红色果肉。将桃片反扣进行淋碱去皮，去皮用氢氧化钠溶液的浓度为13%~16%，温度为80~85℃，时间为50~80s，淋碱后迅速搓洗，去净残留果皮。最后用流动水冲洗去净果实表面的残留碱液。

（5）预煮冷却：预煮在预煮机中进行，水温为95~100℃（也可用蒸汽），时间为4~8min，以煮透为度。预煮水中先要加入0.1%的柠檬酸，加热煮沸后再倒入桃片。桃片预煮后迅速用冷水冷透。

（6）修整：将果块表面的斑点、虫害、变色、红肉、伤烂及核尖等缺陷修整去掉。要求切口无毛边，核窝光滑，果块呈半圆形。

（7）分选装罐：按不同大小、色泽分开装罐，装罐量按质量标准要求进行。

（8）排气密封：采用抽气密封，压力为 $5.999×10^4$ ~ $7.332×10^4$ Pa。

（9）杀菌冷却：不同质量的罐采用不同的杀菌式。

净重300g杀菌式：（5′-20′）/100℃，冷水冷却。

净重425g杀菌式：（5′-25′）/100℃，冷水冷却。

净重567g杀菌式：（5′-30′）/100℃，冷水冷却。

净重822g杀菌式：（5′-35′）/100℃，冷水冷却。

（10）检验：杀菌后的罐头应迅速冷却到38~40℃，然后送入25~28℃的保温库中保温检验5~7d，保温期间定期进行观察检查，并抽样做细菌和理化指标的检验。

（二）葡萄罐头的加工技术

1. 工艺流程

原料分选→洗涤摘粒→浸碱脱皮→保色热烫→分级→装罐→加糖液→排气、密封→杀菌、冷却→成品。

2. 操作要点

（1）原料分选：选用皮薄、色浅、肉质硬脆、汁少的葡萄品种。要求八九成熟，无霉烂和机械伤。

（2）洗涤摘粒：将大果穗剪成小穗，用水淋洗去表面泥沙和污物后，浸于浓度为0.05%的高锰酸钾水溶液中消毒5min，再用清水冲洗至果面上无高锰酸钾残液，轻轻摘下果粒。

（3）浸碱脱皮：用含氢氧化钠（烧碱）7%～8%、温度为80～90℃的水溶液浸泡果粒20～30s。去皮后立即用清水洗净碱液，放在流动水中漂洗。

（4）保色热烫：将脱皮后的果粒放入60℃稀食盐溶液（或柠檬酸溶液）中，热烫1min，注意防止果肉破裂、软烂。对抗氧化力强的品种，可不热烫，脱皮后直接分级、装罐。

（5）分级：按大小、色泽分选，并分别装罐。

（6）装罐、加糖液：玻璃瓶装净重510g，其中加装果肉290g，糖水220g（糖水含糖28%）。

（7）排气、密封：抽气密封，真空度为60～67kPa；排气密封，罐中心温度在70℃以上。

（8）杀菌、冷却：杀菌水温达70℃时放入罐头。杀菌升温不宜过快，温度不宜过高。杀菌公式（10′-15′）/90℃，或［10′-（25′～30′）］/85℃，杀菌后均分段冷却至37℃左右。

（三）水果罐头加工过程中的食品安全控制

依据《食品安全国家标准 罐头食品生产卫生规范》（GB 8950—2016），水果罐头加工过程中需要控制的工艺主要为包装、装罐、密封及杀菌。

1. 包装容器的清洗和使用

金属容器应在灌装或装罐前以恰当的方式进行清洁，如容器倒置后用蒸汽、水等手段清洗并沥干水分。玻璃瓶应经倒置冲洗彻底清除内部的玻璃碎屑等杂物后使用。罐头食品加工车间内的包装容器任何时候不得盛放其他物品。硬包装容器（如金属容器、玻璃容器等）在生产、搬运过程中应采取有效措施避免碰撞等，以免损坏罐边、瓶口等；半刚性（如铝塑复合容器等）及软包装容器从其外包装（纸箱、塑料袋）取出后，应保持清洁，避免污染。

2. 装罐及密封

水果罐头食品装罐或灌装应严格执行产品工艺规程，控制最大装罐量、pH、顶隙、装罐温度等，并注意保持封口处的清洁（特别是软包装罐头）。企业应按密封设备和容器类型分别制定封口操作规程，按工艺要求控制封罐内容物的温度、封口真空度等。封口设备应在投入生产前进行调试，保持正常运转，每班开机前，应检查封口设备的密封质量，合格后投入生产。生产过程中应按封口操作规程的要求，做好外观质量和密封性能的控制与检测，并做好记录，密封后的半成品应在2h内进行杀菌。

3. 热力杀菌

杀菌工艺规程应由企业技术部门或相关研究机构制定，并进行科学验证，保证达到商业无菌的要求。制定杀菌工艺规程时，至少应考虑下列热力杀菌关键因子：杀菌锅的类别、食品的特性、罐头容器类型及大小、技术及卫生条件、水分活度、最低初温及临界因子等。当产品工艺技术条件发生改变时，应分析评估其对杀菌效果是否有影响，如发现原杀菌工艺已不适用，应重新制定杀菌工艺规程。应严格执行杀菌操作工艺规程，尽可能避免产生杀菌偏差，如采用反压冷却操作时，降压速度应根据罐内外压力相平衡的原理，采取逐步稳定缓慢降压的方式进行操作。金属罐要防止瘪罐、凸角；对玻璃瓶产品，要同时控制玻璃瓶内外的温差，防止发生跳盖、破瓶等现象，直至容器内中心温度冷却到40℃以下。企业应制定杀菌安全性评估与管理程序，提出各类产品的纠偏方案，一旦发现杀菌过程中出现偏差，应立即向企业技术负责人汇报，按纠偏方案进行纠偏，并对产品进行隔离，查明原因，提出整改措施。对隔离的产品，应按评估程序评定该批产品对消费者健康是否有危害，如果判定该批产品没有达到商业无菌要求，则应全部再杀菌或在严格的监督下做妥善处理，所采用的判定过程、结果和处理方法，都要做详细记录。

四、主要质量问题及防（预防）治（解决）方法

水果罐头在生产、储藏及销售过程中经常会出现败坏、变色、变味等质量安全问题，以下对这些现象产生的原因进行分析，并介绍常用的解决方法。

(一) 罐壁腐蚀

1. 影响罐内腐蚀的因素

(1) 氧气：对金属是强烈的氧化剂。在罐头中，氧在酸性介质中显示很强的氧化作用。因此，罐内残留的氧的含量对罐头内壁腐蚀是个决定性因素。氧含量越多，腐蚀作用越强。

(2) 酸水果罐头：酸性或高酸性食品，含酸量越高的水果腐蚀性越强。

(3) 原料的种类：不同种类的原料对镀锡薄钢板的腐蚀性不同。

(4) 低甲氧基果胶：低甲氧基果胶能促进锡的腐蚀。因此，水果加工过程中，应迅速破坏果胶酶的活性，防止因果胶酶的作用而使果胶分解，产生低甲氧基果胶或半乳糖醛酸而促进腐蚀。

(5) 硝酸根离子：罐头食品由于硝酸盐的存在，使急剧溶锡腐蚀的现象在一些水果罐头中发生。特别是在罐内残留氧量多和介质pH值低的情况下（pH值5以下，因硝酸根引起的溶锡量显著增加），腐蚀速度加快。

(6) 花色苷色素：樱桃、莓果类均含有花色苷色素。这类色素对空罐的腐蚀性也很强。

(7) 焦糖：果糖或糖水水果罐头有时可能发生剧烈的腐蚀。这是由于糖类的焦化所引起的。

(8) 硫及含硫化物：果实在生长季节喷施的农药中有时含有硫，当硫或硫化物混入罐头中也易引起罐壁腐蚀。

2. 防止措施

(1) 对采前喷过农药的果实加强清洗及消毒，可用0.1% HCl浸泡5~6min，再清洗，以助脱去农药。

(2) 对含空气较多的果实，最好采取抽空处理，尽量减少原料组织中空气（氧）的含量，进而降低罐内氧气的浓度。

(3) 装罐时，为防止罐头顶隙过大，糖液必须加满。

(4) 注入罐内的糖水要煮沸，以除去糖液中的SO_2。

(5) 罐头正反倒置，以减轻对罐壁的腐蚀。

(6) 罐头制品储存环境温度不宜过高，相对湿度不应过大，以防止内蚀及罐外壁蚀。

(7) 根据不同品种原料的腐蚀性能，选用不同抗蚀性能及不同镀锡量的镀锡薄钢板制罐，并防止制罐过程中锡层损伤。

(二) 胀罐

1. 氢胀罐和穿孔腐蚀

一般水果罐头最容易氢胀罐，其原因是果酸与铁皮起作用，放出氢气引起胀罐。镀锡薄钢板露铁点或涂料铁涂膜孔隙多的镀锡薄钢板，是集中腐蚀穿孔的主要原因。杨梅、樱桃、草莓等水果罐头是氢胀罐较多的品种。为防止氢胀罐，必须采用露铁点的镀锡薄钢板等。

2. 细菌性胀罐和败坏

酸度低的水果罐头常发生细菌性胀罐等。防止措施为：加入适量的酸，降低内容物的pH值；缩短工艺流程，保持原料和半成品的新鲜度；采用适宜的杀菌条件。

(三) 变色

水果在加工、贮存期间，常发生变色质量问题，变色主要是由于酶褐变和非酶褐变引起。非酶褐变包括美拉德反应、抗坏血酸氧化作用。此外，某些金属离子（如铁、锡、铜等）及花色苷色素等也是引起变色的因素。防止措施包括以下9点：

(1) 用花青素及单宁低的原料。

(2) 加工过程中，对某些易变色的品种如苹果、长把梨等，去皮切块后，迅速浸泡在稀盐水中（1%~2%）或稀酸中护色。另外果块抽空时，防止抽气罐内真空度的波动及果块露出水面。

(3) 装罐采用适宜的温度时间进行热烫处理，破坏酶的活性，排除原料组织中的空气。

(4) 在加注的糖水中加入适量的抗坏血酸，对苹果、梨、桃等有防止变色效果。但需注意抗坏血酸脱氢后，存在对空罐腐蚀及引起非酶褐变的缺点。

(5) 苹果酸、柠檬酸等有机酸的水溶液，既能对半成品护色，又能降低罐头内容物的pH值，从而降低酶褐变的速率。因此，原料去皮、切分后浸泡在0.1%~0.2%的柠檬酸溶液中及糖水中加入适量的柠檬酸都会有防褐变的作用。

(6) 配制的糖水应煮沸，随配随用。如需加酸，加酸不宜过早，避免蔗糖的过度转化，否则过多的转化糖遇氨基酸等易产生非酶褐变。

(7) 加工过程中，防止果实与铁、铜等金属直接接触，并注意加工用水的重金属含量不宜过多。

(8) 杀菌要充分，以杀灭平酸菌之类的微生物，防止制品酸败。

(9) 控制仓库的储存温度，温度低则褐变轻，高温加速褐变。

(四) 违规使用食品添加剂

水果罐头添加剂含量超标或超范围使用，主要包括防腐剂、甜味剂和着色剂。

(1) 防腐剂超标：有些企业为遮掩其在食品加工过程中卫生环境管理不当，大量添加防腐剂来抑制食品中微生物的繁殖，以延长食品的保质期，长期食用添加防腐剂的食品会对消费者身体造成危害。

（2）甜味剂超标：高甜度的甜味剂的过量使用同样会损害消费者的身体健康。糖精钠是有机化工合成产品，在味觉上引起甜的感觉，是不允许在水果罐头中添加的。

（3）着色剂过量：着色剂又称食品色素，是以食品着色为主要目的，使食品赋予色泽和改善食品色泽的物质。所以有些企业为让罐头食品从外观上呈现出靓丽的色泽，吸引消费者购买，没有按照规定添加着色剂。

企业应按照相关规定建立食品添加剂管理制度保证食品添加剂的使用和存储专人专库，建立出入库台账和使用记录等。

五、成品质量标准及评价

《食品安全国家标准 罐头食品》（GB 7098—2015）标准规定水果罐头的感官要求、污染物限量、真菌毒素限量及微生物限量等食品安全要求及其检测方法。其中规定，污染物限量应符合 GB 2762 的规定；真菌毒素限量应符合 GB 2761 的规定；微生物限量应符合商业无菌的要求。

《桃罐头》（GB/T 13516—2014）规定了罐头的感官要求、净含量、固形物含量、pH 等质量要求及其检测方法。

《葡萄罐头》（QB/T 1382—2014）规定了葡萄罐头的食品安全要求，包括感官要求、净含量、固形物含量、可溶性固形物含量等。

依据上述规定，以优级品桃罐头和优级品葡萄罐头为例，分别整理出桃罐头和葡萄罐头应符合的质量安全指标如表 3、表 4 所示。

表 3 桃罐头（优级品）质量安全指标

产品指标	指标要求	标准法规来源	检验方法
原料要求	1. 桃：应新鲜、冷藏或速冻良好，果实应新鲜饱满、成熟适度，风味正常。黄桃应为黄色至淡黄色，白桃应为乳白色至青白色，果皮、果尖、核窝及合缝处允许稍有微红色。无严重畸形霉烂、病虫害和机械伤所引起的腐烂现象 2. 可采用适合于罐头加工的速冻桃；预罐装桃应符合本标准质量要求 3. 白砂糖：应符合 GB/T 317 的要求 4. 果葡糖浆：应符 GB/T 20882 的要求 5. 果汁：应符合相应标准的要求 6. 水：应符合 GB 5749 的要求	GB/T 13516	
	原料应符合相应的食品标准和有关规定	GB 7098	

续表

产品指标		指标要求	标准法规来源	检验方法
感官要求	色泽	黄桃呈金黄色至黄色，同一罐内色泽一致，无变色迹象；糖水澄清较透明	GB/T 13516	GB/T 10786
	滋味、气味	具有桃罐头应有的滋味和气味，香味浓郁，无异味		
	组织及形态	肉质均匀，软硬适度，不连叉，无核窝松软现象；块形完整，同一罐内果块大小均匀。过度修整、毛边、机械伤、去核不良、瘫软缺陷片数总和不得超过总片数的25%，不得残存果皮。两开和四开桃片：最大果肉的宽度与最小果肉的宽度之差不得大于1.5cm，允许有极少量果肉碎屑 四开桃片：单块果肉最小的重量为15g		
	杂质	无外来杂质		
	容器	密封完好，无泄漏、无胖听。容器外表无锈蚀，内壁涂料无脱落	GB 7098	
	内容物	具有该品种罐头食品应有的色泽、气味、滋味、形态		
	净含量	每批产品平均净含量不低于标示值		
理化指标	固形物含量	镀锡薄板容器装罐头：≥60% 玻璃瓶装罐头：≥55% 软包装罐头（复合塑料杯、袋、瓶等）：≥55%	GB/T 13516	
	可溶性固形物含量	糖水型罐头，开罐时要求： ——低浓度：10%~14%； ——中浓度：14%~18%； ——高浓度：18%~22%； ——特高浓度：22%~35% 果汁型罐头，开罐时要求： ——低浓度：8%~14%； ——中浓度：14%~18%； ——高浓度：18%~22%。 混合型罐头，开罐时要求： ——低浓度：10%~14%； ——中浓度：14%~18%； ——高浓度：18%~22%； ——特高浓度：22%~35%		
	pH	3.4~4.0		GB 5009.237

续表

产品指标		指标要求	标准法规来源	检验方法
微生物要求		应符合罐头食品商业无菌要求	GB 7098	GB 4789.26
污染物限量	铅	≤1.0mg/kg（以 Pb 计）	GB 2762	GB 5009.12
	锡	≤250mg/kg（以 Sn 计。仅适用于采用镀锡薄板容器包装的食品）		GB 5009.16
真菌毒素限量	展青霉素	≤50μg/kg	GB 2761	GB 5009.185

表 4　葡萄罐头（优级品）质量安全指标

产品指标		指标要求	标准法规来源	检验方法
原料要求		1. 葡萄：应新鲜、冷藏良好，大小适中、成熟适度，风味正常，无严重畸形、干瘪，无病虫害及机械伤所引起的腐烂现象 可采用罐藏葡萄，罐藏葡萄应符合本标准质量要求 2. 白砂糖：应符合 GB/T 317 的要求 3. 果葡糖浆：应符合 GB/T 20882 的要求 4. 水：应符合 GB 5749 的要求 5. 果汁：应符合相应标准的要求	QB/T 1382	
		原料应符合相应的食品标准和有关规定	GB 7098	
感官要求	色泽	果实呈紫色至花紫色或黄白色至青白色两类，同一罐中色泽较一致；汤汁较透明，可含有少量种子和少量果肉碎屑	QB/T 1382	GB/T 10786
	滋味、气味	具有葡萄罐头应有滋味和气味，无异味		
	组织形态	果实去梗，带皮或去皮，果形完整，大小较均匀；软硬适度；允许叶磨和破裂果不超过固形物含量的 5%		
	杂质	无外来杂质		
	容器	密封完好，无泄漏、无胖听。容器外表无锈蚀，内壁涂料无脱落	GB 7098	
	内容物	具有该品种罐头食品应有的色泽、气味、滋味、形态		

续表

产品指标		指标要求	标准法规来源	检验方法
理化指标	净含量	应符合相关标准和规定。每批产品平均净含量不低于标示值	QB/T 1382	GB/T 10786
	固形物含量	产品的固形物含量不应低于50%；每批产品的平均固形物含量不应低于标示值		
	可溶性固形物含量	12%~22%（20℃，按折光计法）		
微生物要求		应符合罐头食品商业无菌要求	GB 7098	GB 4789.26
污染物限量	铅	≤1.0mg/kg（以Pb计）	GB 2762	GB 5009.12
	锡	≤250mg/kg（以Sn计。仅适用于采用镀锡薄板容器包装的食品）		GB 5009.16
真菌毒素限量	展青霉素	≤50μg/kg	GB 2761	GB 5009.185

实训工作任务单

学习项目	水果罐头加工技术	工作任务	葡萄罐头制作
时间		工作地点	
任务内容	葡萄原料的处理，葡萄保色热烫，葡萄装罐，葡萄罐头排气密封，葡萄罐头杀菌，葡萄罐头生产过程中存在的质量问题与解决方法		
工作目标	素质目标 1. 了解中国水果罐头加工行业近几年基本情况 2. 能够列举援疆工程对新疆水果行业发展影响的重大事件 技能目标 1. 能够根据标准要求进行水果罐头加工原辅料的验收 2. 能够根据原辅料特点和成分对加工工艺参数进行调整 3. 能够预防和解决水果罐头加工过程中的主要质量安全问题 知识目标 1. 掌握新疆常见水果罐头原料的主要理化成分和加工特点 2. 掌握水果罐头加工的主要原辅料及其验收要求 3. 掌握典型水果罐头加工的主要工艺流程和关键工艺参数 4. 掌握水果罐头加工中的主要质量安全问题及防（预防）治（解决）方法 掌握水果罐头成品的质量安全标准要求及其评价方法		
产品描述	请描述该产品的特点、感官性状、营养成分等		
实验设备	请列举本次实验使用的设备，并描述操作要点		
操作要点	请根据课程学习和实验操作填写葡萄罐头制作的工艺流程和操作要点		
成果提交	实训报告，葡萄罐头产品		
相关标准/验收标准	请根据课程学习和实验操作填写水果罐头的相关验收标准，包括指标名称、指标要求、检测方法、来源标准法规		
实验心得	本次实验有哪些收获？产品的关键控制点和容易出现的问题有哪些		
提示			

工作考核单

学习项目		水果罐头加工技术		工作任务		葡萄罐头制作	
班级			组别		(组长)姓名		
序号	考核内容	考核标准	分数	权重			
				自评	组评	教师评	
				30%	30%	40%	
1	学习态度	积极主动，实事求是，团队协作，律己守纪					
2	组织纪律	上课考勤情况					
3	任务领会与计划	理解生产任务目标要求，能查阅相关资料，能制订生产方案					
4	任务实施	能根据生产任务单和作业指导书实施生产步骤，完成任务					
5	项目验收	依据相关技术资料对完成的工作任务进行评价					
6	工作评价与反馈	针对任务的完成情况进行合理分析，对存在问题展开讨论，提出修改意见					
		合计					
评语							

指导老师签字＿＿＿＿＿＿

任务五　蔬菜腌制

学习目标

【素质目标】

1. 了解中国蔬菜腌制行业近几年基本情况

2. 能够列举援疆工程对新疆蔬菜行业发展影响的重大事件

【技能目标】

1. 能够根据标准要求进行蔬菜腌制原辅料的验收
2. 能够根据原辅料特点和成分对加工工艺参数进行调整
3. 能够预防和解决蔬菜腌制过程中的主要质量安全问题

【知识目标】

1. 掌握常见腌制蔬菜原料的主要理化成分和加工特点
2. 掌握蔬菜腌制的主要原辅料及其验收要求
3. 掌握典型蔬菜腌制的主要工艺流程和关键工艺参数
4. 掌握蔬菜腌制中的主要质量安全问题及防（预防）治（解决）方法
5. 掌握腌制蔬菜成品的质量安全标准要求及其评价方法

任务资讯（任务案例）

近年来，我国农产品种植结构不断调整，蔬菜播种面积呈现快速增长趋势，由 2017 年的 19981.07 千公顷增至 2021 年的 21872.21 千公顷。我国蔬菜产量从 2017 年的 6.92 亿吨增长至 2021 年的 7.67 亿吨。

2020 年，新疆启动实施南疆设施蔬菜产业发展三年行动计划，依托南疆地区光热资源优势，积极发展设施蔬菜产业。两年来，南疆地区以示范推广智能化高产高效技术为核心，加快产业体系建设，强化分拣分级、贮运保鲜、包装加工等生产环节，设施农业产加销产业体系日渐完善，逐步形成了深冬以标准日光温室生产为主，春秋以大小双膜拱棚生产为补充的"周年生产、均衡供应"生产模式。2022 年初，全疆设施蔬菜在田生产面积已超 7 万亩，比 2021 年同期增长 6000 余亩。

受制于冬季气候寒冷等因素，在上市旺季进行深加工，协调食品加工企业与主产区建立长期稳定的合作关系，制成腌制蔬菜、脱水蔬菜、速冻蔬菜与保鲜蔬菜等，缓解集中上市压力，增加蔬菜附加值，特别是出现蔬菜"卖难"时能够减少农民的经济损失。

任务发布

针对以上情况，新疆常见的蔬菜是萝卜白菜，腌制后的萝卜白菜风味多样，容易保存。那么腌制的主要工艺流程有哪些？原辅料验收要求是什么？成品的验收标准有哪些？生产过程卫生控制要符合哪些要求？生产过程中可能面临哪些质量安全问题？如何预防和改善？

任务分析

依据《食品安全国家标准 酱腌菜》（GB 2714—2015），酱腌菜是以新鲜蔬菜为主要原料，经腌渍或酱渍加工而成的各种蔬菜制品，如酱渍菜、盐渍菜、酱油渍菜、糖渍菜、醋渍菜、糖醋渍菜、虾油渍菜、发酵酸菜和糟渍菜等。

依据《酱腌菜生产许可证审查细则》，实施食品生产许可证管理的酱腌菜是指以新鲜蔬菜为主要原料，经淘洗、腌制、脱盐、切分、调味、分装、密封、杀菌等工序，采用不同腌渍工艺制作而成的各种蔬菜制品的总称。

依据《调味品名词术语　酱腌菜》（SB/T 10301—1999），酱腌菜是指以新鲜蔬菜为主要原料，经采用不同腌渍工艺制作而成的各种蔬菜制品的总称。

要进行酸白菜和萝卜干的加工，需要根据食品生产许可的要求具备环境场所、设备设施、人员制度等方面的要求，获得酱腌菜品类的食品生产许可证，才能开展生产工作。在蔬菜腌制的加工方面，首先需要了解腌制酸白菜和萝卜干的主要品种，以及各个品种的主要理化成分和加工特点，根据标准要求验收采购原料；其次，要按照蔬菜腌制加工的基本工艺流程和参数开展生产加工，在加工过程中要利用各种技术手段预防或解决各类产品质量安全问题，确保产品质量安全；最后，要根据成品标准对成品进行检验。

任务实施

一、生产规范要求

（一）环境场所

良好的卫生环境是生产安全食品的基础，蔬菜腌制企业的生产环境应符合《食品安全国家标准　食品生产通用卫生规范》（GB 14881）等相关标准的相关要求，厂区选址应远离污染源，周围无虫害大量孳生的潜在场所，环境整洁。厂区布局合理，各功能区域划分明显，包括原辅料库、生产车间、检验室等；设计与布局合理，便于设备的安装、清洗、消毒等；道路硬化，铺设混凝土、沥青或者其他硬质材料；厂区绿化与生产车间保持适当距离，生活区及生产区分开。有合理的排水系统，污水处理设施等应当远离生产区域和主干道，并位于主风向的下风处，排放应符合相关规定。生产区建筑物与外源公路或道路应保持一定距离或封闭隔离，并设有防护措施。厂区内禁止饲养禽、畜。车间内生产工艺布局合理，满足食品卫生操作要求，根据产品特点、生产工艺及生产过程对清洁程度的要求，合理划分作业区，避免交叉污染。

蔬菜腌制的生产场所要求：对于生产酱腌菜的企业，应具备原辅材料及包装材料仓库、成品仓库、洗瓶间（仅有软包装的企业不适用）、腌制车间、分选车间、灭菌灌装封盖车间、包装车间等满足工艺要求的生产场所。直接购买咸坯的生产企业可减少腌制车间。

（二）设备设施

蔬菜腌制生产企业应配备与生产能力和实际工艺相适应的设备，生产设备应有明显的运行状态标识，并定期维护、保养和验证。设备安装、维修、保养的操作不应影响产品质量和食品安全。设备应进行验证或确认，确保各项性能满足工艺要求，无法正常使用的设备应有明显标识。

蔬菜腌制生产所需设备一般包括：①原料清洗设施（不锈钢、瓷砖贴面水槽或清洗机）；②腌制设施（腌制容器，材质为不锈钢、陶瓷、水泥池内壁涂聚酰胺环氧树脂涂料，应防腐、易清洗）；③分选台（不锈钢、瓷砖贴面）；④切菜设备（视产品情况而定，可用切菜机）；⑤半自动、自动洗瓶机（仅适合瓶装酱腌菜）；⑥灭菌设备（无灭菌过程的不适用）；⑦包装设备（如真空封盖机，真空包装机等半自动、自动包装线、包装机、打包机、生产日期打印装置、计量称重设备等）。直接购买咸坯的生产企业必须具备③~⑦的设备。

二、原辅材料要求

（一）蔬菜腌制用白菜和萝卜品种及其成分

新疆白菜产品品种较多，其中适合腌制的包括大白菜、疏勒大白菜、焉耆大白菜、有机翠玉白菜、黄心大白菜等。新疆萝卜主要有青萝卜、白萝卜、黄萝卜、红胡萝卜、石河子萝卜、新疆伊犁三红萝卜等。

根据《中国食物成分表》（2018年版），白菜和萝卜的主要成分见表1和表2。

表1 白菜一般营养素成分表（以每100g可食部计）

食物成分名称	食物名称
	白菜（代表值）[1]
水分/g	94.4
能量/kJ	82
蛋白质/g	1.6
脂肪/g	0.2
碳水化合物/g	3.4
不溶性膳食纤维/g	0.9
胆固醇/mg	0
灰分/g	0.7
维生素A/μg RAE	7
胡萝卜素/μg	80
视黄醇/μg	0
维生素B_1/mg	0.05
维生素B_2/mg	0.04
烟酸/mg	0.65
维生素C/mg	37.5
维生素E/mg	0.36
钙/mg	57
磷/mg	33
钾/mg	134
钠/mg	68.9
镁/mg	12
铁/mg	0.8

续表

食物成分名称	食物名称
	白菜（代表值）[1]
锌/mg	0.46
硒/μg	0.57
铜/mg	0.06
锰/mg	0.19

表 2　萝卜一般营养素成分表（以每 100g 可食部计）

食物成分名称	食物名称
	青萝卜
水分/g	91.0
能量/kJ	121
蛋白质/g	1.2
脂肪/g	0.2
碳水化合物/g	6.9
不溶性膳食纤维/g	—[2]
胆固醇/mg	0
灰分/g	0.7
维生素 A/μg RAE	7
胡萝卜素/μg	88
视黄醇/μg	0
维生素 B_1/mg	0.01
维生素 B_2/mg	0.02
烟酸/mg	0.62
维生素 C/mg	7.0
维生素 E/mg	Tr[3]
钙/mg	47
磷/mg	31
钾/mg	248
钠/mg	56.0
镁/mg	15
铁/mg	0.3
锌/mg	0.16

续表

食物成分名称	食物名称
	青萝卜
硒/μg	0.10
铜/mg	0.02
锰/mg	0.06

注：1. 代表值是指当来自不同地区的同一种食物有多个的时候，为了便于使用，《中国食物成分表》（2018年版）对不同产区或不同品种的多条同个食物营养素含量计算了"$\bar{x}$"代表值。

2. 符号"—"，表示未检测，理论上食物中应该存在一定量的该种成分，但未实际检测。

3. 符号"Tr"，表示未检出或微量，低于目前应用的检测方法的检出限或未检出。

（二）蔬菜腌制用白菜和萝卜验收要求

《酱腌菜生产许可证审查细则》规定企业生产酱腌菜所用的蔬菜原料应该新鲜、无霉变腐烂，所使用的原辅材料必须符合国家标准、行业标准的要求，原辅材料中涉及生产许可证管理的产品必须采购有证企业的合格产品，污染物限量应符合GB 2762的规定；真菌毒素限量应符合GB 2761的规定；农药残留应符合GB 2763的规定。

此外，《食品安全国家标准　酱腌菜》（GB 2714—2015）对原料的要求如下：蔬菜应新鲜，原料应符合相应的食品标准和有关规定。

（三）加工用水要求

蔬菜腌制加工中，水是很重要的原材料。蔬菜腌制时所需的水，可分为加工用水和清洁卫生用水。凡是与蔬菜原料直接接触的水，称为加工用水，如原料清洗、配制盐液等用的水；而清洗容器、器具、设备、车间、地面等的用水为清洁卫生用水。凡是腌制加工用水，必须符合《生活饮用水卫生标准》（GB 5749）的有关规定。水质应澄清透明、无悬浮物质、无色、无味、无致病菌、无耐热性微生物及寄生虫、虫卵；水中不含有硫化氢、氨、硝酸盐和亚硝酸盐等对人体健康有害的物质。

一般深井水或自来水，经过检验符合加工用水标准的要求，可以直接用于蔬菜腌制加工。而江河、湖泊、水库的水，即使附近没有污染源，也会含有泥沙、杂质和大量的微生物，一般不符合饮用水标准，必须经过澄清、消毒等净化措施后才能使用。

还有其他水源中有的水含有较高的硝酸盐、亚硝酸盐（苦井水）。硝酸盐在细菌作用下能还原成亚硝酸盐，可造成人体急慢性中毒。因此，这些水需经有关部门鉴定合格后方可使用。

（四）酱腌菜的调味料要求

1. 食盐

食盐的主要成分是氯化钠，是酱腌菜的主要辅助材料之一。食盐具有防腐作用，并赋予制品一定的咸味。食盐本身质量的高低，会直接影响制品质量的优劣。使用的食盐以精制食盐更好，因为精制食盐纯度高，安全性好。使用食盐时，一般先将食盐溶解，以沉淀除去杂质。

2. 酱油

酱油是酱腌菜加工中常用的一种主要调味料。酱油是由天然发酵或人工发酵酿造而成的，具有营养丰富、气味芳香、鲜味醇厚等特点。它不仅可以使制品从其中吸附一定量的食盐、糖和氨基酸等物质、增加制品的营养，而且能赋予制品鲜味和酱色，增强制品的防腐能力。

3. 食醋

食醋也是蔬菜腌制时经常使用的调味料，其酸味是酿造过程中产生大量醋酸的结果。食醋除含有醋酸外，还含有乳酸、琥珀酸、柠檬酸、苹果酸等有机酸。这些酸可与酒精结合生成芳香酯类而使之富有香味。由于浓度为1%以上的食醋就能抑制腐败细菌的活动，所以食醋不仅是腌制品芳香美味的调味品，而且具有相当强的防腐能力，使糖醋渍品得以长期保存。

4. 食糖

食糖的主要成分为蔗糖，属于碳水化合物，它能赋予制品甜味，供给人体所需要的热量。

食糖包括绵白糖、白砂糖和红糖等，由于白砂糖的纯度高、营养丰富、无异味，所以腌制加工甜味酱腌菜时，最好选用白砂糖作为调味料。一定浓度的糖液能产生较高的渗透压力，致使微生物产生脱水作用，从而抑制了微生物的生长繁殖，具有一定的防腐作用。由于食糖易被水溶解，易吸湿结块，又易吸收异味，所以在贮存保管中应注意清洁卫生，放在阴凉干燥通风的地方。

5. 酒类

腌制用的调味酒包括白酒和黄酒。酒的主要成分是酒精（乙醇）和水。制作酱腌菜时，加入适量的白酒或黄酒，不仅可以产生特殊的香味，而且具有杀菌防腐的作用。

6. 香辛料

香辛料是一类能增加酱腌菜多种香味的调味品。在生产中应选择味香、干燥、无霉变的香辛料。

三、加工工艺操作

依据《酱腌菜生产许可证审查细则》，酱腌菜基本生产流程如下：原辅料预处理→腌制（盐渍、糖渍、酱渍等）→整理（淘洗、晾晒、压榨、调味、发酵、后熟）→灌装→灭菌（或不灭菌）→包装

依据《酱腌菜生产许可证审查细则》，酱腌菜关键控制环节：①原辅料预处理：将霉变、变质、黄叶剔除；②后熟：掌握适宜时间，避免腌制时间不当导致亚硝酸盐超标；③灭菌：主要控制灭菌的温度及灭菌的时间以及包装容器的清洗和灭菌；④灌装：注意灌装时样品不受污染。

（一）新疆酸白菜发酵

新疆酸白菜是一种在天山南北家喻户晓的特色食品。传统主要依靠自然发酵，但由于其生产周期长，亚硝酸盐含量高，难以实现工业化生产。20世纪60年代，人工接种乳酸菌实现了工业化生产，保持了产品的稳定性。

1. 工艺流程

选料→冲洗→沥干→装坛（加入食盐等调味料）→补水→发酵→包装→成品。

2. 操作要点

（1）选料、冲洗、沥干：将霉变、变质、黄叶剔除，冲洗干净，沥干水分，把白菜码放在容器内，尽量把所有空间挤满。

(2) 装坛：依据配方加入食盐等调味料后，加入 3%乳酸菌纯培养物。塑料桶、坛子、缸、瓮皆可，不能使用铁制铝制容器，因为在发酵过程中会产生乳酸把容器腐蚀。

(3) 补水发酵：加满开水，用石头压上防止白菜漂起，不要让白菜露出水面，桶口用塑料膜封好，与空气隔绝。在 10~20℃温度下放置 20 天以上，温度越高发酵时间越短。加开水就是为了把水中的氧气清除掉，让别的菌无法繁殖，给乳酸杆菌创造生存条件，用塑料膜封口是为了防止空气重新溶入水中。

(4) 包装成品：包装有玻璃瓶和高温蒸煮塑料袋，我国以蒸煮袋占多数，贮运和食用都很方便。将发酵的酸白菜装入蒸煮袋中，在 0.07MPa 真空度条件下密封。一般采用巴氏灭菌，85℃，30min 杀菌。灭菌后的酸白菜应冷却，然后贴签，经检验合格后方可出厂。

(二) 萝卜干的腌制

萝卜内含有特殊的芥子素和挥发性的甲硫醇，在萝卜腌制过程中，一部分细胞破裂，细胞内的白芥子苷酶能使白芥子苷水解生成烯丙芥子油。烯丙芥子油具有很强烈的防腐能力，能保持萝卜干的品质，控制微生物的危害。

1. 工艺流程

选料→洗净→切制→初腌（轻盐）→晾晒→脱盐→拌腌→包装→成品。

2. 操作要点

(1) 选料：选择新鲜、色泽正常、表皮光滑、根须少、钝头、无病虫、无机械损伤及冻僵情况、心髓部不明显、成熟充分而未木质化。

(2) 洗净切制：将萝卜削除叶丛、根和毛须，用清水洗净泥沙和污物。将清洗干净的萝卜切成长约 6cm，宽高 1 cm 左右的条状，每根萝卜条均带皮。

(3) 初腌：腌制用的容器，除了洗涤，还应进行杀菌处理，如沸水热烫、蒸煮、酒精喷洒以及熏硫处理等。用萝卜条重量的 (8±1)%精盐均匀地涂抹在萝卜条上，密封腌制 24h 后翻缸 1 次，腌制至 48h，取出，备用。

(4) 晾晒：将腌制满 48h 的萝卜条取出放在蓙框上自然晾干。待重量约为萝卜重量的 1/3~1/4 时进行脱盐处理。

(5) 脱盐：用 (60±5)℃的清水浸泡 1h，沥干水分，备用。

(6) 拌腌：可以自己调味配方。通常萝卜干的拌腌料主要由酱油、绵白糖、精盐等组成。腌制 48h，即可准备包装上市销售。

(7) 包装成品：将萝卜干装入复合塑料袋内，然后用真空包装机抽真空包装，再进行巴氏灭菌，冷却，在 20℃下可保存 12 个月以上。

四、主要质量问题及防（预防）治（解决）方法

酱腌菜产品的质量与卫生，直接关系着广大消费者的身体健康与加工企业经济效益。除了要求能提高产量、改进品质以外，还应该长期保存，延长制成品的货架寿命，提高其商品价值。然而，蔬菜在腌制加工或储存运输过程中，制品的质量也可能发生劣变。为避免或减少酱腌菜败坏的发生，我们应该了解酱腌菜败坏的原因，并针对败坏的原因采取适当的防止措施，以便达到长期保藏的目的。

（一）酱腌菜的褐变

酱腌菜的色泽是感官质量的重要指标之一。保持其天然色泽或改变色泽是加工腌制过程中应特别注意的一个问题。蔬菜原料在加工腌制过程中常出现褐变现象。褐变能引起色泽的变化，使原来色泽变暗或变成褐色。由于蔬菜里的多酚类物质及蛋白质在盐渍过程中水解为氨基酸后，会发生酶褐变和非酶褐变。褐变的过程始终贯穿在腌制过程中，发生褐变的腌制品呈黄褐色或黑褐色。这些褐变产生的颜色对某些腌渍品来说是其产品必须具备的质量指标之一。如四川南充冬菜和资中冬菜等呈黑色和黄褐色或金黄色，而对那些洁白产品如白色腌大蒜，鲜绿色产品如腌芹菜、乳黄瓜等，尽量避免褐变发生。

在蔬菜加工腌制过程中可采取下列措施防止褐变：

（1）选择成熟适度的蔬菜：因成熟的蔬菜含单宁物质、氧化酶、含氮物质均多于幼嫩的蔬菜，所以在腌制时不能采用过成熟的蔬菜。

（2）适宜的处理：有些蔬菜腌制品在加工腌制前，可进行热处理（常用60~70℃热水烫漂），使叶绿素水解酶失去活性而保持绿色。因为经热处理后的蔬菜组织中氧气明显减少，氧化的可能性减少，使腌制品仍然保持绿色。

（3）蔬菜原料在贮运中受到机械损伤后，容易使原来的色泽变暗或变成褐色。因此，在蔬菜采收、运输、加工腌制、贮藏中要防止机械损伤。

（4）掌握适宜的温度、pH值等腌渍条件。褐变反应的速度与温度、pH值的高低有关系。高温季节加工腌制时要比低温季节加工腌制褐变快。

（5）将蔬菜腌制品淹没在食盐溶液或氯化钙溶液中也可防止褐变。因氯化物有抑制过氧化酶活性作用。如其产品露出氯化物溶液，酶活性恢复，在空气中仍会氧化变色。

（二）酱腌菜的败坏

酱腌菜的败坏一般表现为外观不良、变色、发黏、变质、变味、长霉、软化等。引起这些变化的原因很多，基本上可以归纳为物理、化学和生物3个方面的因素。

1. 物理败坏

造成酱腌菜败坏的物理因素主要是光照和温度。在加工或储藏期间如果经常受日光照射，会造成原料和成品营养成分的分解，引起变色、变味和抗坏血酸的损失。强光还能引起温度的升高，温度的高低也会引起腌制品品质的变化，温度过高或过低对酱腌菜的加工与保存都是不利的。高温不仅可以促进各种生物化学变化、水分蒸发、增加挥发性风味物质的消失、使制品变质变味和质量、体积的改变，还有利于微生物的生长繁殖，以致使发酵过快或造成腐败，这些都会增加对酱腌菜的危害。而过度的低温如形成冰冻的温度，也可使酱腌菜的质地发生变化。

2. 化学败坏

酱腌菜加工中各种化学变化如氧化、还原、分解、化合等，都可以使酱腌菜发生不同程度的败坏。如在加工和保存期间，长时间暴露在空气中与氧接触，或与铁质容器和用具接触，都会发生或促进氧化变色，使制品变黑。

3. 生物败坏

有害微生物的活动是引起酱腌菜制品败坏变质的主要原因。在腌菜的加工或保存中，如果出现有害微生物的活动，引起发酵和腐败，就会降低制品的品质，甚至失去食用价值。

（1）丁酸发酵：丁酸发酵是由嫌气性细菌引起的一类复杂的发酵作用。腌制过程中，尤其是发酵性腌制品如泡菜加工时容易发生。丁酸发酵可分解糖与乳酸，其发酵产物除丁酸外，还有醋酸、丙酸、乙醇、丙酮、二氧化碳和水等。丁酸发酵不仅消耗了制品中的糖和乳酸，而且产生的丁酸对制品没有防腐保藏作用，它所具有的强烈气味，会给人以不快的感觉，因而丁酸发酵会大大降低制品品质。

（2）有害酵母菌的作用：腌制过程中，在盐水表面或暴露于空气中的腌制品表面，常常会产生一层灰白色或淡红色的、粉状有皱纹的薄膜，这是由一种产膜酵母所形成的菌膜。有时也会在盐水表面形成乳白色光滑的膜，用手触及易破碎，这种现象也称为"生花"，这是由酒花酵母菌引起的，它们都是好气性的有害酵母菌。这些有害酵母菌的存在，不仅会大量消耗制品中的营养物质，同时还会分解腌制过程中所生成的乳酸与乙醇，降低腌制品的品质和储藏性，并可引起其他腐败细菌的滋生，使制品发黏、变软而败坏。

（3）腐败细菌的作用：腌制过程中腐败现象的发生，是由于腐败菌分解原料中的蛋白质及其他含氮物质，生成吲哚、甲基吲哚、硫化氢和胺等，产生恶臭味，有时还会生成有毒物质，最后导致菜体变软，甚至腐烂不能食用。如大肠杆菌既可进行异型乳酸发酵，又可分解蛋白质生成吲哚，产生臭气，使制品败坏。

（4）由于青霉、黑霉、曲霉、根霉、白霉等有害霉菌的侵染，在腌制的盐水表面或暴露在空气中的菜体上，长出白色、绿色和黑色等各种颜色的霉（俗称"长毛"）。这类微生物多为好气性的，其耐盐力很强，能分解糖和乳酸，使制品风味变劣，失去保存力而不耐储藏。这类有害霉菌还能分泌果胶酶类物质，使制品质地变软，失去脆性，甚至霉烂变质不能食用。

在蔬菜加工腌制过程中可采取下列措施防止败坏：①控制温度和光照：避免强光温度过高过低使酱腌菜的质地发生变化；②加工和保存期间，避免长时间暴露在空气中与氧接触，选择正确的容器和用具等；③控制微生物指标：首先要保证原料的初始菌不能过高；生产加工的卫生环境符合要求，生产设备、包装容器、生产环境及时消毒，加工工序之间避免交叉污染；加工后的酱腌菜及时包装，避免在空气中暴露得时间过长；其次要正确使用酱腌菜防腐保鲜剂，防止微生物指标超标。

（三）亚硝酸盐的产生和预防

亚硝酸盐对人体有害，为防止亚硝酸盐生成，可采取以下措施：

（1）选用新鲜原料，选用新鲜成熟的蔬菜，在腌制前经过水洗，晾晒可减少亚硝酸盐含量。

（2）食盐加入量要适当，不用盐或用盐太少，亚硝酸盐含量增多而且速度加快。实验结果证实，食盐9%~10%能防止腐败菌繁殖，但乳酸菌及酵母尚能繁殖，可作为腌渍发酵时的浓度。

（3）保持菜卤表面菌膜：一般腌菜，菜卤表面菌膜不要打捞，更不要搅动，以免下沉而致菜卤腐败产生胺类物质，待食用或销售时，再捞出菌膜。

（4）食用前水洗，尽可能减少亚硝酸盐含量。

(5) 经常检查 pH 值，发现 pH 值上升（或霉变），要迅速处理，不能再继续贮存，否则亚硝胺会迅速上升，以致全部腌菜霉烂变质。

（四）食品添加剂超范围或超量使用

为了使酱腌菜有更好的口感，延长保质期，酱腌菜的食品添加剂容易超范围或超量使用，常见的是，酱腌菜中食品添加剂苯甲酸和甜蜜素超标。

苯甲酸常作为防腐剂用于食品生产加工，企业为了防止酱腌菜变质发酸、延长保质期，使苯甲酸含量超标，对人体肝脏和神经系统等造成危害。甜蜜素学名"环己基氨基磺酸钠"，是一种无营养甜味剂，常用于酱菜类、调味汁、糕点、配制酒和饮料等食品中。为了使酱腌菜有更好的口感，甜蜜素超标使用，对人体健康造成危害。

酱腌菜的食品添加剂容易超范围或超量使用，要求企业正确理解标准和相关规定，正确掌握各食品添加剂的使用量，并对产品加工过程进行严格的质量控制。

五、成品质量标准及评价

《食品安全国家标准 酱腌菜》（GB 2714—2015）标准规定了酱腌菜的感官要求、污染物限量要求等食品安全要求及其检测方法。其中规定，污染物限量应符合 GB 2762 中腌渍蔬菜的规定。致病菌限量应符合 GB 29921 中即食果蔬制品（含酱腌菜类）的规定。微生物限量还应符合 GB 2714—2015 的规定。食品添加剂的使用应符合 GB 2760 中腌渍蔬菜或发酵蔬菜制品的规定。

依据上述规定，整理出酸白菜和萝卜干腌制成品应符合的质量安全指标如表 3 和表 4 所示。

表 3　酸白菜质量安全指标

产品指标		指标要求	标准法规来源	检验方法
原料要求		蔬菜应新鲜，原料应符合相应的食品标准和有关规定	GB 2714	GB 2714
感官要求	滋味、气味	无异味、无异嗅	GB 2714	GB 2714
	状态	无霉变，无霉斑白膜，无正常视力可见的外来异物		
微生物要求	大肠菌群	$n=5$，$c=2$，$m=10$，$M=10^3$ CFU/g（不适用于非灭菌发酵型产品）		GB 4789.3 平板计数法
污染物限量	铅	≤1.0mg/kg（以 Pb 计）	GB 2762	GB 5009.12
	锡	≤250mg/kg（以 Sn 计。仅适用于采用镀锡薄板容器包装的食品）		GB 5009.16
致病菌限量	沙门氏菌	$n=5$，$c=0$，$m=0/25$g（mL），$M=$—	GB 29921	GB 4789.4
	金黄色葡萄球菌	$n=5$，$c=1$，$m=100$CFU/g（mL），$M=1000$CFU/g（mL）		GB 4789.10

表4 萝卜干腌制成品质量安全指标

产品指标		指标要求	标准法规来源	检验方法
原料要求		蔬菜应新鲜，原料应符合相应的食品标准和有关规定		
感官要求	滋味、气味	无异味、无异嗅	GB 2714	GB 2714
	状态	无霉变，无霉斑白膜，无正常视力可见的外来异物		
微生物要求	大肠菌群	$n=5$，$c=2$，$m=10$，$M=10^3$ CFU/g（不适用于非灭菌发酵型产品）		GB 4789.3 平板计数法
污染物限量	亚硝酸盐	≤20mg/kg（以 $NaNO_2$ 计）	GB 2762	GB 5009.33
	铅	≤1.0mg/kg（以 Pb 计）		GB 5009.12
	锡	≤250mg/kg（以 Sn 计。仅适用于采用镀锡薄板容器包装的食品）		GB 5009.16
致病菌限量	沙门氏菌	$n=5$，$c=0$，$m=0/25$g（mL），$M=$—	GB 29921	GB 4789.4
	金黄色葡萄球菌	$n=5$，$c=1$，$m=100$CFU/g（mL），$M=1000$CFU/g（mL）		GB 4789.10

实训工作任务单

学习项目	蔬菜腌制加工技术	工作任务	萝卜干制作
时间		工作地点	
任务内容	萝卜原料的处理，萝卜腌制，萝卜干生产过程中存在的质量问题与解决方法		
工作目标	素质目标 1. 了解中国蔬菜腌制行业近几年基本情况 2. 能够列举援疆工程对新疆蔬菜行业发展影响的重大事件 技能目标 1. 能够根据标准要求进行蔬菜腌制原辅料的验收 2. 能够根据原辅料特点和成分对加工工艺参数进行调整 3. 能够预防和解决蔬菜腌制过程中的主要质量安全问题 知识目标 1. 掌握新疆常见腌制蔬菜原料的主要理化成分和加工特点 2. 掌握蔬菜腌制的主要原辅料及其验收要求 3. 掌握典型蔬菜腌制的主要工艺流程和关键工艺参数 4. 掌握蔬菜腌制中的主要质量安全问题及防（预防）治（解决）方法 5. 掌握腌制蔬菜成品的质量安全标准要求及其评价方法		
产品描述	请描述该产品的特点、感官性状、营养成分等		
实验设备	请列举本次实验使用的设备，并描述操作要点		
操作要点	请根据课程学习和实验操作填写萝卜干制作的工艺流程和操作要点		
成果提交	实训报告，萝卜干产品		

续表

相关标准/验收标准	请根据课程学习和实验操作填写萝卜干的相关验收标准，包括指标名称、指标要求、检测方法、来源标准法规
实验心得提示	本次实验有哪些收获？产品的关键控制点和容易出现的问题有哪些

工作考核单

学习项目		果蔬加工技术		工作任务		萝卜干制作	
班级				组别		（组长）姓名	
序号	考核内容	考核标准	分数	权重			
				自评 30%	组评 30%	教师评 40%	
1	学习态度	积极主动，实事求是，团队协作，律己守纪					
2	组织纪律	上课考勤情况					
3	任务领会与计划	理解生产任务目标要求，能查阅相关资料，能制订生产方案					
4	任务实施	能根据生产任务单和作业指导书实施生产步骤，完成任务					
5	项目验收	依据相关技术资料对完成的工作任务进行评价					
6	工作评价与反馈	针对任务的完成情况进行合理分析，对存在问题展开讨论，提出修改意见					
	合计						

评语	

指导老师签字＿＿＿＿＿＿＿＿

任务六 果蔬速冻

学习目标

【素质目标】
1. 了解中国果蔬速冻加工行业近几年基本情况
2. 能够列举援疆工程对新疆水果蔬菜行业发展影响的重大事件

【技能目标】
1. 能够根据标准要求进行果蔬速冻加工原辅料的验收
2. 能够根据原辅料特点和成分对加工工艺参数进行调整
3. 能够预防和解决果蔬速冻加工过程中的主要质量安全问题

【知识目标】
1. 掌握常见果蔬速冻原料水果和蔬菜的主要理化成分和加工特点
2. 掌握果蔬速冻加工的主要原辅料及其验收要求
3. 掌握典型果蔬速冻加工的主要工艺流程和关键工艺参数
4. 掌握果蔬速冻加工中的主要质量安全问题及防（预防）治（解决）方法
5. 掌握果蔬速冻成品的质量安全标准要求及其评价方法

任务资讯（任务案例）

速冻果蔬凭借不受季节限制、加工方便、保鲜期长等优势逐渐受到市场青睐。以速冻蔬菜为例，2020年，全球速冻蔬菜市场规模达到50亿元，预计2026年将达到58亿元，年复合增长率为2.2%。根据新思界发布的《2021—2025年中国冷冻蔬菜行业市场行情监测及未来发展前景研究报告》，2019年，中国速冻蔬菜出口量将近83万吨。2020年，受疫情影响，物流停滞，中国速冻蔬菜出口量有所下滑，但仍在80万吨以上。

2020年，新疆启动实施南疆设施蔬菜产业发展三年行动计划，依托南疆地区光热资源优势，积极发展设施蔬菜产业。使南疆地区逐步形成了深冬以标准日光温室生产为主，春秋以大小双膜拱棚生产为补充的"周年生产、均衡供应"生产模式。2022年初，全疆设施蔬菜在田生产面积已超7万亩，比2021年同期增长6000余亩。

近年来，各援疆省市根据受援地资源禀赋、区位条件、产业基础，用好差别化产业政策，大力发展设施农业、特色农业、农副产品加工业等特色优势产业。援疆工程实施以来，全国各地以不同方式支持新疆水果行业的发展。例如，2021年，金华市援疆指挥部通过金华市"十城百店"销售网络共为新疆阿克苏地区温宿县销售特色农产品15.25万吨，销售额达15.7亿元，销售量和销售额均创历史新高。又如，2021年10月，广州援疆工作队从广东移栽36亩火龙果，到疏附县进行试种并取得了成功，预计达到丰产期之后，每个棚每年可以达到亩产 3000 公斤，产值 3 万元。

任务发布

什么是速冻果蔬制品？大家在市场上常见的速冻果蔬制品有哪些呢？都执行什么标准？速冻果蔬制品的加工方式、贮存方式又是什么样的呢？什么样的蔬菜水果可以加工为速冻果蔬制品？速冻的设备又是什么样的呢？某企业想生产速冻果蔬制品速冻甜椒和速冻黄瓜，在生产过程中可能面临哪些质量安全问题？如何预防和改善？

任务分析

依据《速冻食品生产许可证审查细则》，速冻食品分为速冻面米食品和速冻其他食品。速冻其他食品按原料不同可分为速冻肉制品、速冻果蔬制品及速冻其他制品。

依据《速冻食品术语》（SB/T 11073—2013），速冻是指将被冻产品迅速通过最大冰晶区，使其热中心温度达到-18℃及以下的冻结过程。速冻食品是用速冻方法，采用冷链方式保持-18℃或更低温度的包装食品。最大冰结晶区是指食品中的水形成冰的一个温度区间（大部分食品是-1℃到-5℃）。速冻水果是指以新鲜、成熟度适中的水果为原料，经分级、清洁、去皮或不去皮、去核或不去核、分割或不分割、漂烫或不漂烫、冷却、沥干或不沥干、速冻等工序制成的产品。速冻蔬菜是指以新鲜、清洁的蔬菜为原料，经清洗、分割或不分割、漂烫或不漂烫、冷却、沥干或不沥干、速冻等工序制成的产品。

要进行速冻甜椒和速冻黄瓜的加工，需要根据食品生产许可的要求具备环境场所、设备设施、人员制度等方面的要求，获得相应速冻其他食品（速冻果蔬制品）品类的食品生产许可证，才能开展生产工作。在果蔬速冻的加工方面，首先需要了解速冻用甜椒和黄瓜的主要品种，以及各个品种的主要理化成分和加工特点，根据标准要求验收采购原料；其次，要按照果蔬速冻加工的基本工艺流程和参数开展生产加工，在加工过程中要利用各种技术手段预防或解决各类产品质量安全问题，确保产品质量安全；最后，要根据成品标准对成品进行检验。

任务实施

一、生产规范要求

（一）环境场所

良好的卫生环境是生产安全食品的基础，果蔬速冻企业的生产环境应符合《食品安全国家标准　食品生产通用卫生规范》（GB 14881）、《速冻食品生产许可证审查细则》、《食品安全国家标准　速冻食品生产和经营卫生规范》（GB 31646—2018）等相关标准法规的相关要求，厂区选址应远离污染源，周围无虫害大量孳生的潜在场所，环境整洁。厂区布局合理，各功能区域划分明显,包括原辅料库、生产车间、检验室等;设计与布局合理,便于设备的安装、清洗、消毒等;道路硬化,铺设混凝土、沥青或者其他硬质材料;厂区绿化与生产车间保持适当距离,生活区及生产区分开。有合理的排水系统,污水处理设施等应当远离生产区域和主干道,并位于主风向的下风处,排放应符合相关规定。生产区建筑物与外源公路或道路应保持一定距离或封闭隔离,并设有防护措施。厂区内禁止饲养禽、畜。车间内生产工艺布局合理,满足食品卫生操作要求,根据产品特点、生产工艺及生产过程对清洁程度的要求,合理划分作业区,避免交叉污染。

生产企业除应符合生产工艺流程要求的必备生产环境外,还应有与生产能力相适应的原料冷库、辅料库、生料加工区、热加工间、熟料加工区(冷却、速冻、包装间等)、成品库(冷库)。原料及半成品不得直接落地,生、熟加工区应严格隔离,防止交叉污染。用于速冻的半成品,需要冷却的,应在符合卫生加工要求的环境中尽快冷却,冷却后应立即速冻。产品应在温度能受控的环境中进行包装,包装材料符合有关卫生标准。成品贮存要求有与生产能力相适应的冷库。冷库内温度应保持在-18℃或更低,温度波动要求控制在2℃以内。不得与有害、有毒、有异味的物品或其他杂物混存。运输产品的运输工具厢体应符合有关卫生标准,厢内温度必须保持-15℃以下,运输过程中产品温度上升应保持在最低限度。生产企业应告知销售单位产品应在冷冻条件下销售,低温陈列柜内产品的温度不得高于-12℃,产品的储存和陈列应与未包装的冷冻产品分开。

(二)设备设施

果蔬速冻生产企业应配备与生产能力和实际工艺相适应的设备,生产设备应有明显的运行状态标识,并定期维护、保养和验证。设备安装、维修、保养的操作不应影响产品质量和食品安全。设备应进行验证或确认,确保各项性能满足工艺要求,无法正常使用的设备应有明显标识。

果蔬速冻生产企业应有与生产能力相匹配的原料处理车间、速冻生产间、预包装间和温度保持≤-18℃的冷库。应配有与生产的产品品种、生产能力相匹配的速冻装置及清洗、漂烫、速冻、包装以及其他相关设备。应配有符合国家环保要求的废水、污水处理设施。应配备的卫生间及洗手消毒等设施。应配备符合国家规定要求的消防和安防等相关的设施和设备。

果蔬速冻生产必备的生产设备:①原辅料加工设施;②生制设施;③熟制设施;④速冻设备;⑤自动或半自动包装设备,其中速冻设备是关键设备。

二、原辅材料要求

(一)速冻用甜椒和黄瓜品种及其成分

根据《中国食物成分表》(2018年版),甜椒和黄瓜的主要成分见表1和表2。

表1 甜椒一般营养素成分表(以每100g可食部计)

食物成分名称	食物名称
	甜椒[灯笼椒、柿子椒]
水分/g	94.6
能量/kJ	77

续表

食物成分名称	食物名称
	甜椒 [灯笼椒、柿子椒]
蛋白质/g	1.0
脂肪/g	0.2
碳水化合物/g	3.8
不溶性膳食纤维/g	—[1]
胆固醇/mg	0
灰分（g）	0.4
维生素 A/μg RAE	6
胡萝卜素/μg	76
视黄醇/μg	0
维生素 B_1/mg	0.02
维生素 B_2/mg	0.02
烟酸/mg	0.39
维生素 C/mg	130.0
维生素 E/mg	0.41
钙/mg	—
磷/mg	—
钾/mg	—
钠/mg	—
镁/mg	—
铁/mg	—
锌/mg	—
硒/μg	0.38
铜/mg	—
锰/mg	—

注：1. 符号"—"，表示未检测，理论上食物中应该存在一定量的该种成分，但未实际检测。

表 2 黄瓜一般营养素成分表（以每 100g 可食部计）

食物成分名称	食物名称
	黄瓜（鲜）[胡瓜]
水分/g	95.8
能量/kJ	65
蛋白质/g	0.8
脂肪/g	0.2

续表

食物成分名称	食物名称
	黄瓜（鲜）[胡瓜]
碳水化合物/g	2.9
不溶性膳食纤维/g	0.5
胆固醇/mg	0
灰分/g	0.3
维生素 A/μg RAE	8
胡萝卜素/μg	90
视黄醇/μg	0
维生素 B_1/mg	0.02
维生素 B_2/mg	0.03
烟酸/mg	0.20
维生素 C/mg	9.0
维生素 E/mg	0.49
钙/mg	24
磷/mg	24
钾/mg	102
钠/mg	4.9
镁/mg	15
铁/mg	0.5
锌/mg	0.18
硒/μg	0.38
铜/mg	0.05
锰/mg	0.06

（二）速冻用甜椒和黄瓜验收要求

依据《食品安全国家标准 速冻食品生产和经营卫生规范》（GB 31646—2018），原料应符合《食品安全国家标准 食品生产通用卫生规范》（GB 14881—2013）中 7.2 的相关规定。对贮存环境有特殊要求的原料，应采取有效措施监控贮存环境的温度、湿度。冷冻原料解冻应具备与生产能力相适应的专用解冻区域，根据每日或每批投料量确定原料解冻量，并根据原料（如，肉、水产品、蔬菜等）的不同特性、形态确定适宜的解冻方法，同时对温度和时间进行控制。

依据《速冻食品生产许可证审查细则》，企业生产速冻食品所用的原辅材料及包装材料必须符合相应的国家标准、行业标准、地方标准及相关法律、法规和规章的规定。如使用的原辅材料为实施生产许可证管理的产品，必须选用获得生产许可证企业生产的产品。

依据《速冻水果和速冻蔬菜生产管理规范》（GB/T 31273—2014），水果或蔬菜品质应符合相关国家标准或行业标准等规定的要求。应建立合格供应商评价体系，执行索证、索票制度。食品添加剂的产品质量应符合相关的国家标准或行业标准的规定要求，使用范围和用量应符合 GB 2760 的规定要求。

依据《速冻甜椒》（GH/T 1141—2021），根据对每个等级的规定和允许误差，甜椒应符合下列条件：外观完好、无杂质、无异味、无虫及由病虫造成的损伤、无腐烂。应符合《甜椒》（GB/T 26431）要求。

依据《速冻黄瓜》（GH/T 1140—2021），黄瓜瓜条新鲜、洁净、粗细均匀、色泽鲜绿，成熟度适中；无病虫害，无腐烂和机械伤。应符合《黄瓜》（NY/T 578）的规定。

三、加工工艺操作

不同水果和蔬菜进行速冻加工的生产工艺和操作方法会略有差异，但生产工艺涉及的漂烫、速冻和冷藏为其主要关键技术环节，直接影响着速冻果蔬的营养品质。

依据《速冻食品生产许可证审查细则》，速冻果蔬制品基本生产流程如下：

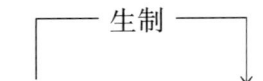

原辅料加工→熟制→速冻→包装（或先包装后速冻）→入库冻藏。
（其中原辅料加工、熟制、速冻为生制阶段）

以下详细介绍速冻甜椒、速冻黄瓜的加工技术。

（一）速冻甜椒的加工

1. 工艺流程

原料→清洗→分割或不分割→漂烫或不漂烫→冷却→沥干或不沥干→速冻→包装（或先包装后速冻）→入库冷冻，冷冻条件下进入市场销售。

2. 操作要点

（1）原料选择：甜椒外观完好、无杂质、无异味、无虫及由病虫造成的损伤、无腐烂。应符合 GB/T 26431 要求。

（2）分割：一般根据消费要求可以加工成以下规格：对切，纵向切一刀成两片，去蒂盖、籽，切丝或切块，切成一定宽度的条（块）后用清水漂洗，洗净浮籽。

（3）漂烫：漂烫是速冻果蔬加工的关键工艺技术之一，能有效破坏酶的活性、稳定色泽、改善产品质构、风味和组织。漂烫方式可采用热水、蒸汽、微波、超声波和超高压等，生产中最常见的为热水和蒸汽。

根据不同品种的蔬菜，选择适宜的温度和时间进行漂烫，参见《速冻水果和速冻蔬菜生产管理规范》（GB/T 31273—2014）附录 C。

甜椒的漂烫参数为：介质是水，温度>85℃，时间>150s。

（4）冷却：经漂烫后的甜椒应迅速用温度在≤10℃的冷水中冷却，或采用≤10℃的冷风进行冷却，并及时沥干。

（5）速冻：经沥干的甜椒应迅速在<-30℃的环境中冻结。要求布料均匀，呈块状或丝状。冻结终了产品的热中心温度≤-18℃。经预包装后的速冻甜椒应进行单体（包、盒）金属检测。经金属检测的速冻甜椒（或再次进行销售包装后）应快速进入温度≤-18℃的冷库。

（6）包装：包装有包装后速冻和速冻后包装之分。包装应满足：保护速冻甜椒的感官和其他品质的特性；保护速冻甜椒不受微生物和其他污染物的影响；与其他影响速冻甜椒质量和安全的物质隔离；标签应符合 GB 7718 的规定。

（二）速冻黄瓜的加工

1. 工艺流程

原料→清洗→分割或不分割→漂烫或不漂烫→冷却→沥干或不沥干→速冻→包装（或先包装后速冻）→入库冷冻，冷冻条件下进入市场销售。

2. 操作要点

（1）原料选择：瓜条新鲜、洁净、粗细均匀、色泽鲜绿，成熟度适中；无病虫害，无腐烂和机械伤，应符合 NY/T 578 的规定。

（2）分割：清洗干净后，在 0.5%~1% 的食用氯化钙水溶液中浸泡 20min 左右（护色），再用清水洗净。根据烹调习惯切片或块，不能使用挤压式切片机，因为这种设备会使组织内部的汁液被挤出，不仅增加汁液流失，还会因汁液过多，造成冻结时成坨，影响冻品质量。

（3）漂烫：漂烫是速冻果蔬加工的关键工艺技术之一，能有效破坏酶的活性、稳定色泽、改善产品质构、风味和组织。漂烫方式可采用热水、蒸汽、微波、超声波和超高压等，生产中最常见的为热水和蒸汽。

根据不同品种的蔬菜，选择适宜的温度和时间进行漂烫，参见《速冻水果和速冻蔬菜生产管理规范》（GB/T 31273—2014）附录 C。

黄瓜的漂烫参数为：介质是水，温度>90℃，时间>55s。

（4）冷却：经漂烫后的黄瓜应迅速用温度在≤10℃的冷水中冷却，或采用≤10℃的冷风进行冷却，并及时沥干。

（5）速冻：经沥干的黄瓜应迅速在<-30℃的环境中冻结。要求布料均匀，呈块状或片状。冻结终了产品的热中心温度≤-18℃。

（6）包装：包装有包装后速冻和速冻后包装之分。包装应满足：保护速冻黄瓜的感官和其他品质的特性；保护速冻黄瓜不受微生物和其他污染物的影响；与其他影响速冻黄瓜质量和安全的物质隔离；标签应符合 GB 7718 的规定。

四、主要质量问题及防（预防）治（解决）方法

速冻果蔬在生产、储藏及销售过程中经常会出现变色、变味、营养成分过多损失等质量安全问题，以下对这些现象产生的原因进行分析，并介绍常用的解决方法。

（一）速冻果蔬产品的褐变

色素物质在贮运过程中随着环境条件的改变发生一些变化，从而影响果蔬外观品质。蔬菜在贮藏中叶绿素逐渐分解，而促进类胡萝卜素、类黄酮色素和花青素的显现，引起蔬菜外观变黄。叶绿素不耐光、不耐热，光照与高温均能促进贮藏中蔬菜内叶绿素的分解。光和氧能引起类胡萝卜的分解，使果蔬褪色。花青素不耐光、热，氧化剂与还原剂的作用，在贮藏中，光照能加快其变为褐色。

因此在速冻果蔬产品贮运中，应采取避光和隔氧措施。同时果蔬原料可以采用 0.2%~0.4% 亚硫酸盐溶液，0.1%~0.2% 柠檬酸溶液，0.1% 的抗坏血酸溶液浸泡，都能有效地防止

速冻果蔬产品的褐变。

(二) 速冻果蔬产品的冻藏链不符合要求

1. 包装材料对速冻果蔬产品的影响

包装可对外界环境温度的波动有一定的阻隔作用，降低食品的冻结速率，进而影响冻结质量。所以内包装材料不仅要符合食品包装容器材质要求，而且要具有较好的耐低温、耐穿刺、抗拉力、耐冲击和热封性能好等特点，外包装瓦楞纸箱也应具有较高的抗压强度。包装材料应卫生、清洁、无异味、无破裂。应按相同品种分别包装，每件净含量应在误差范围内。应采用符合食品卫生安全的材料。

2. 贮存运输对速冻果蔬产品的影响

市场上速冻果蔬的过度加冰、商家对一般冷冻和速冻概念混淆并用普通缓慢冻结果蔬冒充速冻果蔬、速冻果蔬反复消融冻结以及冷链环节时常"断链"，速冻果蔬产品运输车辆初始温度、车厢内的相对湿度、货物暴露面积、运输时间和车辆的制冷能力等，都严重影响着速冻果蔬的质量安全和考验着商家的信誉。

速冻果蔬产品原料采购、加工、包装、贮存、运输和销售等环节的场所、设施与设备、人员的基本要求和管理准则，应执行《食品安全国家标准 速冻食品生产和经营卫生规范》（GB 31646—2018）。

企业应建立记录档案管理制度，对所有相关人员培训，使其充分认识到相关关键控制点正确控制的重要性，同时生产企业应确保对市场上销售的速冻果蔬产品拥有完全跟踪和快速召回的能力。

(三) 微生物指标超标

微生物指标超标，将会破坏食品的营养成分，使食品失去食用价值；还会加速食品腐败变质，可能危害人体健康。根据速冻果蔬产品的特性优化和改进清洁消毒方案，确保充分有效实施；制定环境监控计划，确保环境监控计划覆盖充分，并跟踪监控结果。

(四) 食品添加剂超标

生产企业为延长速冻果蔬产品保质期，从而超量使用食品添加剂，也可能是其使用时不计量或计量不准确，从而使食品添加剂超标。这就要求企业严格控制限量添加剂存储、领用，确保双人复核，确保记录及时、有效。

(五) 速冻果蔬产品变色、变味

企业对冷冻和速冻概念混淆，冻结过程采用缓冻代替速冻或者加工处理过程中的技术参数控制不当，导致速冻食品变色、变味，营养成分过多损失。企业应正确区分理解速冻食品和冷冻食品。依据《食品安全国家标准 速冻食品生产和经营卫生规范》（GB 31646—2018），速冻是指使产品迅速通过其最大冰晶区域，当中心温度达到-18℃时，完成冻结加工工艺的冻结方法。速冻食品是指采用速冻的工艺生产，在冷链条件下进入销售市场的食品。依据《速冻食品术语》（SB/T 11073—2013），最大冰结晶区是指食品中的水形成冰的一个温度区间（大部分食品是-1~-5℃）。依据《冷冻食品术语与分类》（QB/T 5284—2018），冷冻加工是指采用一定的技术手段，在尽可能短的时间内，将食品冻藏温度降低至预期冻结点温度以下的加工过程。

五、成品质量标准及评价

《速冻甜椒》（GH/T 1141—2021），标准规定了速冻甜椒的感官要求、重金属限量要求等食品安全要求及其检测方法。其中规定，污染物限量应符合 GB 2762 的规定；农药残留应符合 GB 2763 的规定。

《速冻黄瓜》（GH/T 1140—2021），标准规定了速冻黄瓜的感官要求、重金属限量要求等食品安全要求及其检测方法。其中规定，污染物限量应符合 GB 2762 的规定；农药残留应符合 GB 2763 的规定。

依据上述规定，整理出速冻甜椒和速冻黄瓜成品应符合的质量安全指标如表3和表4所示。

表3 速冻甜椒安全指标

产品指标		指标要求	标准法规来源	检验方法
原料要求		根据对每个等级的规定和允许误差，甜椒应符合下列条件：外观完好、无杂质、无异味、无虫及由病虫造成的损伤、无腐烂。应符合 GB/T 26431 要求	GH/T 1141	
感官要求	色泽	色泽一致	GH/T 1141	GH/T 1141
	形态	果形饱满，形态正常，果面清洁，新鲜，无皱缩、柔软现象，大小均匀，切口整齐，无破损，不粘连		
	解冻状态	色泽、风味良好，无杂味，口感良好		
理化指标	净含量	应符合《定量包装商品计量监督管理办法》		JJF 1070
污染物限量	总汞	≤0.01mg/kg（以 Hg 计）	GB 2762	GB 5009.17
	镉	≤0.05mg/kg（以 Cd 计）		GB 5009.15
	铅	≤0.1mg/kg（以 Pb 计）		GB 5009.12
	铬	≤0.5mg/kg（以 Cr 计）		GB 5009.123
	总砷	≤0.5mg/kg（以 As 计）		GB 5009.11
	锡	≤250mg/kg（以 Sn 计。仅适用于采用镀锡薄板容器包装的食品）		GB 5009.16
微生物限量	菌落总数	≤10000CFU/g	GH/T 1141	GB 4789.2
	大肠菌群	≤3 MPN/g		GB 4789.3
致病菌限量	沙门氏菌	$n=5$，$c=0$，$m=0/25g$，$M=—$		GB 4789.4
	金黄色葡萄球菌	$n=5$，$c=1$，$m=100CFU/g$，$M=1000CFU/g$		GB 4789.10

续表

产品指标		指标要求	标准法规来源	检验方法
放射性指标	^{3}H	≤8.8×10^{4}Bq/kg	GB 14882	
	^{89}Sr	≤2.4×10^{2}Bq/kg		
	^{90}Sr	≤4.0×10^{1}Bq/kg		
	^{133}I	≤3.3×10^{1}Bq/kg		
	^{137}Cs	≤2.1×10^{2}Bq/kg		
	^{147}Pm	≤8.2×10^{3}Bq/kg		
	^{239}Pu	≤2.7Bq/kg		
	^{210}Po	≤5.3Bq/kg		
	^{226}Ra	≤1.1×10Bq/kg		
	^{223}Ra	≤5.6Bq/kg		
	天然钍	≤9.6×10^{-1}mg/kg		
	天然铀	≤1.5mg/kg		

表4　速冻黄瓜质量安全指标

产品指标		指标要求	标准法规来源	检验方法
原料要求		1. 黄瓜：瓜条新鲜、洁净、粗细均匀、色泽鲜绿，成熟度适中；无病虫害，无腐烂和机械伤，应符合 NY/T 578 的规定 2. 加工用水：应符合 GB 5749 的规定		
感官要求	色泽	表皮鲜绿，瓜肉绿白色	GH/T 1140	GH/T 1140
	形态	形状一致，大小均匀，单体间允许有 5% 粘连，表面无明显冰片，破碎片不得超过 3%		
	风味	无异味		
	解冻状态	保持应有的色泽和好的口感。具有本品应有的风味、无异味		
理化指标	净含量	应符合《定量包装商品计量监督管理办法》		JJF 1070
污染物限量	总汞	≤0.01mg/kg（以 Hg 计）	GB 2762	GB 5009.17
	镉	≤0.05mg/kg（以 Cd 计）		GB 5009.15
	铅	≤0.1mg/kg（以 Pb 计）		GB 5009.12
	铬	≤0.5mg/kg（以 Cr 计）		GB 5009.123
	总砷	≤0.5mg/kg（以 As 计）		GB 5009.11
	锡	≤250mg/kg（以 Sn 计。仅适用于采用镀锡薄板容器包装的食品）		GB 5009.16

续表

产品指标		指标要求	标准法规来源	检验方法
微生物限量	菌落总数	≤10000CFU/g	GH/T 1140	GB 4789.2
	大肠菌群	≤3MPN/g		GB 4789.3
致病菌限量	沙门氏菌	$n=5$, $c=0$, $m=0/25g$, $M=—$		GB 4789.4
	金黄色葡萄球菌	$n=5$, $c=1$, $m=100CFU/g$, $M=1000CFU/g$		GB 4789.10
放射性指标	^3H	≤8.8×10^{4}Bq/kg	GB 14882	
	89Sr	≤2.4×10^{2}Bq/kg		
	90Sr	≤4.0×10^{1}Bq/kg		
	133I	≤3.3×10^{1}Bq/kg		
	137Cs	≤2.1×10^{2}Bq/kg		
	147Pm	≤8.2×10^{3}Bq/kg		
	239Pu	≤2.7Bq/kg		
	210Po	≤5.3Bq/kg		
	226Ra	≤1.1×10Bq/kg		
	223Ra	≤5.6Bq/kg		
	天然钍	≤9.6×10^{-1}mg/kg		
	天然铀	≤1.5mg/kg		

实训工作任务单

学习项目	果蔬速冻加工技术	工作任务	速冻甜椒制作
时间		工作地点	
任务内容	甜椒原料的处理，甜椒速冻，速冻甜椒生产过程中存在的质量问题与解决方法		
工作目标	素质目标 1. 了解中国果蔬速冻加工行业近几年基本情况 2. 能够列举援疆工程对新疆水果蔬菜行业发展影响的重大事件 技能目标 1. 能够根据标准要求进行果蔬速冻加工原辅料的验收 2. 能够根据原辅料特点和成分对加工工艺参数进行调整 3. 能够预防和解决果蔬速冻加工过程中的主要质量安全问题 知识目标 1. 掌握常见果蔬速冻原料水果和蔬菜的主要理化成分和加工特点 2. 掌握果蔬速冻加工的主要原辅料及其验收要求 3. 掌握典型果蔬速冻加工的主要工艺流程和关键工艺参数		

续表

工作目标	4. 掌握果蔬速冻加工中的主要质量安全问题及防（预防）治（解决）方法 5. 掌握果蔬速冻成品的质量安全标准要求及其评价方法
产品描述	请描述该产品的特点、感官性状、营养成分等
实验设备	请列举本次实验使用的设备，并描述操作要点
操作要点	请根据课程学习和实验操作填写速冻甜椒制作的工艺流程和操作要点
成果提交	实训报告，速冻甜椒产品
相关标准/ 验收标准	请根据课程学习和实验操作填写速冻甜椒的相关验收标准，包括指标名称、指标要求、检测方法、来源标准法规
实验心得	本次实验有哪些收获？产品的关键控制点和容易出现的问题有哪些
提示	

工作考核单

学习项目	果蔬加工技术		工作任务	速冻甜椒制作		
班级		组别		（组长）姓名		
序号	考核内容	考核标准	分数	权重		
				自评	组评	教师评
				30%	30%	40%
1	学习态度	积极主动，实事求是，团队协作，律己守纪				
2	组织纪律	上课考勤情况				
3	任务领会与计划	理解生产任务目标要求，能查阅相关资料，能制订生产方案				
4	任务实施	能根据生产任务单和作业指导书实施生产步骤，完成任务				
5	项目验收	依据相关技术资料对完成的工作任务进行评价				
6	工作评价与反馈	针对任务的完成情况进行合理分析，对存在问题展开讨论，提出修改意见				

续表

序号	考核内容	考核标准	分数	权重		
				自评	组评	教师评
				30%	30%	40%
	合计					
评语						

指导老师签字_____

任务七　葡萄酒加工

学习目标

【素质目标】

1. 了解中国葡萄酒加工行业近几年基本情况
2. 了解主要葡萄酒的行业特点

【技能目标】

1. 能够根据标准要求进行葡萄酒加工原辅料的验收
2. 能够根据葡萄酒原辅料特点和成分对加工工艺参数进行调整
3. 能够预防和解决葡萄酒加工过程中的主要质量安全问题

【知识目标】

1. 掌握常见酿酒葡萄的主要理化成分和加工特点
2. 掌握葡萄酒加工的主要原辅料及其验收要求
3. 掌握典型葡萄酒加工的主要工艺流程和关键工艺参数
4. 掌握葡萄酒加工中的主要质量安全问题及防（预防）治（解决）方法
5. 掌握葡萄酒成品的质量安全标准要求及其评价方法

任务资讯（任务案例）

葡萄酒是受世界各国消费者青睐的一种酒类，因其中含有单宁酸、酚类化合物以及多种维生素和矿物质而备受关注。

我国葡萄产业技术体系从"十一五"到"十四五"是一个不断完善发展的过程。葡萄酒市场经过多年的发展，已逐步建立国家标准和行业标准体系。这对葡萄酒产品质量的提高和行业的转型升级都起到了促进作用。

2020年，国产葡萄酒产量是41.33万千升，规模企业的销售收入是100.21亿元，利润2.59亿。2021年，国产葡萄酒产量26.8万千升，连续9年下滑；进口葡萄酒42万千升，连续4年下滑。国产葡萄酒产量已回到20年前的水平。

据中国酒业协会发布的《中国酒业"十四五"发展指导意见》，预计到2025年，我国葡萄酒产量将达70万千升，比"十三五"末增长75.0%，年均递增11.8%；销售收入达到200亿元，比"十三五"末增长66.7%，年均递增10.8%；实现利润40亿元，比"十三五"末增长300.0%，年均递增32.0%。

如今，新疆做优做强葡萄酒产业，酿酒葡萄基地不断成长成熟，葡萄酒庄星罗棋布，葡萄酒产业与文化旅游产业正在深度融合。随着品牌的影响力提升，新疆葡萄美酒芬芳四溢，香飘全国。

任务发布

新疆地处全球公认的酿酒葡萄黄金种植带，特殊地理位置赋予新疆葡萄酒浓郁饱满的口感和风味，以及单宁细腻的特质。经过多年发展，新疆已成为我国葡萄酒酿造大省，酿酒葡萄种植面积全国第二，产量居全国之首。

受葡萄酒中单宁、糖酸含量影响的葡萄酒的色泽、口感是葡萄酒的重要品质指标，直接影响葡萄酒产品的成败。新疆吐鲁番某企业欲生产葡萄酒，请问该企业应如何确保产品品质？葡萄酒原辅料验收要求是什么？主要工艺流程有哪些？该企业如何预防和改善在葡萄酒生产过程中可能面临的质量安全问题？还可以通过哪些标准方面去验证葡萄酒成品的品质？

任务分析

依据《葡萄酒》（GB/T 15037—2006），葡萄酒是以鲜葡萄或葡萄汁为原料，经全部或部分发酵酿制而成的，酒精度不低于7.0%的酒精饮品。葡萄酒按色泽分类：白葡萄酒、桃红葡萄酒、红葡萄酒。按含糖量分类：干葡萄酒、半干葡萄酒、半甜葡萄酒、甜葡萄酒。按二氧化碳含量分类：平静葡萄酒、起泡葡萄酒、高泡葡萄酒、低泡葡萄酒。

要进行葡萄酒的加工，需要分别根据葡萄酒食品生产许可的要求具备环境场所、设备设施、人员制度等方面的要求，获得相应品类的食品生产许可证，才能开展生产工作。在加工方面，首先需要了解生产各种不同的葡萄酒所用原料的主要品种，以及各个品种的主要理化成分和加工特点，根据标准要求验收采购原料；其次，要按照基本工艺流程和参数开展生产加工，在加工过程中要利用各种技术手段预防或解决各类产品质量安全问题，确保产品质量安全；最后，要根据成品标准对成品进行检验。

任务实施

一、生产规范要求

（一）环境场所

良好的卫生环境是生产安全食品的基础，葡萄酒生产企业应符合《食品安全国家标准　发酵酒及其配制酒生产卫生规范》（GB 12696—2016）及《食品安全国家标准　食品生产通用卫生规范》（GB 14881）等相关标准的要求。厂区选址应远离污染源，周围无虫害大量孳生的潜在场所，环境整洁。厂区布局合理，各功能区域划分明显，包括原辅料库、生产车间、检验室等；设计与布局合理，便于设备的安装、清洗、消毒等；道路硬化，铺设混凝土、沥青、或者其他硬质材料；厂区绿化与生产车间保持适当距离，生活区及生产区分开。有合理的排水系统，污水处理设施等应当远离生产区域和主干道，并位于主风向的下风处，排放应符合相关规定。场所应具有良好的照明和通风，应提供足够且方便的厕所，厕所区应配备自动开关的门。凡是流程需要的场合，应提供足够且方便的设施，供员工洗手和干燥手。

生产区建筑物与外源公路或道路应保持一定距离或封闭隔离，并设有防护措施。厂区内禁止饲养禽、畜。车间内生产工艺布局合理，满足食品卫生操作要求，根据产品特点、生产工艺及生产过程对清洁程度的要求，合理划分作业区，避免交叉污染。

根据生产工艺需要，葡萄酒生产区应划分为葡萄原料加工区、发酵区、贮存陈酿区、原酒后加工区、灌装区等，各区域应布局合理。葡萄酒的酒窖应保持卫生，墙面和天花板的材料应具有防潮功能。酒窖应具有一定的通风功能，根据生产需要可以进行温度和湿度的控制。葡萄酒原酒生产企业应根据生产工艺需要合理设计厂房。

（二）设备设施

葡萄酒及配制酒若采用水泥池发酵或储酒时，水泥池内壁应涂有防腐层，防腐层应满足以下要求：①无毒，耐酸、耐碱、耐腐蚀，对酒的风味无任何不良影响；②应有很强的附着力，不应脱落；③应具有光滑平整的表面；④应有较高的机械强度、致密的结构和足够的厚度，不应渗漏；⑤敷设工艺应简单易行。起泡葡萄酒（果酒）发酵罐应符合相关的要求。葡萄酒（果酒）橡木桶在使用前应根据其使用情况，采用水清洗、蒸汽熏蒸法、酸碱浸泡法、酒精浸泡法、熏硫等其中一种或几种方法进行处理，保持清洁卫生。仅生产葡萄酒原酒的厂区应根据生产需要合理配置设施与设备。

依据《葡萄酒及果酒生产许可证审查细则》，葡萄酒、果酒生产企业必备的生产设备有：原料处理设备：破碎机、压榨机、输送泵。

发酵设备：控温发酵罐。

贮酒设备：贮酒罐、输送泵。

过滤设备：硅藻土过滤机、板框过滤机等。

冷冻设备：冷冻机、隔热罐或速冻机。

杀菌系统：锅炉或其他供热设施。

除菌设备：杀菌设备或除菌过滤设备。

灌装设备：半自动或自动洗瓶机、自动装酒机。

二、原辅材料要求

（一）原料品种及其成分

新疆酿酒葡萄主要品种有美乐、赤霞珠、西拉、雷司令、小味儿多、霞多丽等。
根据《中国食物成分表》（2018年版），葡萄的主要成分见表1。

表1 葡萄一般营养素成分表（以每100g可食部计）

食物成分名称	食物名称	
	葡萄（代表值）[1]	葡萄（马奶子）
水分/g	88.5	89.6
能量/kJ	185	172
蛋白质/g	0.4	0.5
脂肪/g	0.3	0.4
碳水化合物/g	10.3	9.1
不溶性膳食纤维/g	1.0	0.4
胆固醇/mg	0	0
灰分/g	0.3	0.4
维生素A/μg RAE	3	4
胡萝卜素/μg	40	50
视黄醇/μg	0	0
维生素B_1/mg	0.03	Tr[3]
维生素B_2/mg	0.02	0.03
烟酸/mg	0.25	0.80
维生素C/mg	4.0	—[2]
维生素E/mg	0.86	—
钙/mg	9	—
磷/mg	13	—
钾/mg	127	—
钠/mg	1.9	—
镁/mg	7	—
铁/mg	0.4	—
锌/mg	0.16	—
硒/μg	0.11	—
铜/mg	0.18	—
锰/mg	0.04	—

注：1. 代表值是指当来自不同地区的同一种食物有多个的时候，为了便于使用，《中国食物成分表》（2018年版）对不同产区或不同品种的多条同个食物营养含量计算了"x"代表值。

2. 符号"—"，表示未检测，理论上食物中应该存在一定量的该种成分，但未实际检测。

3. 符号"Tr"，表示未检出或微量，低于目前应用的检测方法的检出限或未检出。

（二）原料验收要求

《食品安全国家标准　发酵酒及其配制酒生产卫生规范》（GB 12696—2016）要求：葡萄酒及其配制酒原料应符合 GB 14881—2013 中 7.1 和 7.2 的规定。采购葡萄原料，应有采购记录和验收记录。采购记录应详细记录原料的品种、产地。原料应符合 GB 2763 中的相关规定。采购的国产葡萄汁或原酒，应是取得生产许可证的产品。采购时，应索取葡萄汁或原酒生产企业的相应有效资质及详细的生产过程记录材料，包括原料信息、加工工艺信息、食品添加剂和食品加工助剂使用信息等内容，并有相应的检验合格证明文件。应按国家有关规定或标准要求对葡萄汁或原酒进行验收。采购进口葡萄汁，应向供货方索取有效的产品信息和检验检疫证明。采购进口原酒，应向供货方索取有效的原酒信息（品种、工艺、食品添加剂使用情况等）和检验检疫证明。发酵过程中使用的酵母、乳酸菌、食品加工助剂及其他辅料等应符合相应的要求，并制定管理制度和操作规程。特种葡萄酒及其配制酒所用原料应符合其生产工艺或相关标准对原料的特殊要求。

三、加工工艺操作

1. 工艺流程

依据《葡萄酒及果酒生产许可证审查细则》，红葡萄酒和白葡萄酒的加工工艺基本类似，主要包括下面的流程。

原料选择→除梗破碎→主发酵（酒精发酵）→后发酵（苹乳发酵）→分离→贮存→澄清处理→调配→除菌→灌装→陈酿→成品。

2. 操作要点

（1）除梗破碎：葡萄皮中存在色素、单宁、果胶和香气成分，果肉中也存在一些香气成分，而在果梗、种籽中则存在大量的劣质单宁。在破碎时，葡萄破碎度过高，会将大量的劣质单宁带入葡萄汁中，从而给葡萄酒带来不良风味。

（2）添加辅料：在醪液泵的作用下，葡萄浆被打出发酵罐。这时候要添加辅料二氧化硫、果胶、酵母等，后期处理阶段的一些澄清辅料的使用也都对葡萄酒品质有着直接影响。每 100kg 葡萄汁可添加 6% 的亚硫酸 110g，以杀死杂菌。要根据原料的特点以及希望的葡萄酒类型而选择各种辅料。

（3）主发酵（酒精发酵）：葡萄浸渍和发酵同时进行，这个过程最主要是控温和监控作用，浸渍程度，酿造温度，含糖，酒精度等，一般是使用比重计监控比重变化，同时温度变化等，工业大生产时候想各个指标都随便滴定是不现实的，所以一般只做一些定性的指标分析。发酵期间温度保持在 20~30℃，1~2d 即开始发酵。发酵强度视发酵桶中气泡多少和大小而定。主发酵一般为 8~15d，天气热时 3d 即可结束，天冷时可延至 20d，至残糖量低于 0.1% 后除去皮渣。注意自流汁和压榨汁的不同处理。

（4）后发酵（苹果酸-乳酸发酵）：在酒精发酵结束后进行苹果酸-乳酸发酵，但这不是必须的。苹果酸-乳酸发酵不但能够降低葡萄酒的酸度，增加其细菌稳定性，而且会增加葡萄酒口味和香气的复杂性，改善葡萄酒的风味。

（5）分离：发酵结束后将酒液与酒渣分类，主要通过压榨、过滤的方法。

（6）澄清：澄清的目的是去除在酿酒过程中通过化学反应产生的葡萄酒中的不溶物，漂浮在葡萄酒中悬浮物质。澄清的主要方法包括沉降、过滤、助剂澄清、冷冻、离心等。

（7）调配：调配是最讲究艺术性的阶段，调配是酿酒师水平的体现，酿酒师根据品种、年份、不同工艺等因素考虑最终酒的整合。最终的成品酒是单一原酒按照一定比例混合而彰显酒的整体质量，尽量克服单一酒种的缺陷。

（8）无菌灌装：近几年低度葡萄酒的灌装，主要采用无菌灌装的工艺。这种工艺要求空瓶洗净以后，要经过杀菌，无菌水冲洗，保证空瓶无菌。输酒的管路、盛成品酒的空压桶、连接高压桶和装酒机的管路及装酒机等，都要经过严格的蒸汽灭菌，保证输酒管路和装酒机无菌。无菌的成品酒在进入装酒机之前，还要经过膜式过滤器，再进行一次除菌过滤，防止细菌或酵母菌装到瓶中。

（9）陈酿：葡萄酒的成熟分为大容器储存和瓶储两部分，葡萄酒在大容器中陈酿可使酒质有相当大的改善，它可以去除发酵时产生的二氧化碳气体以及酵母对口味和外观的影响，去除可能的生涩味，使葡萄酒更柔和，增加更多的特点，补充而不是掩盖原有的风味；尽可能保持和延续果香，特别是品种香气和风味，这是在有控制的有氧条件下进行的。比较常用的是橡木桶陈酿，采用这种工艺可以萃取橡木中香味物质，酒可以通过橡木进行挥发，挥发产生的空间使酒增强了与空气的接触和氧化，可使红葡萄酒的颜色从刚发酵结束的紫红色逐渐变成宝石红色。另外也可使用不锈钢罐陈酿，其陈酿效果不如橡木桶，但其成本低，且对于葡萄酒质量不适合在橡木桶中贮存的较实用。

四、主要质量问题及防（预防）治（解决）方法

1. 氧化

氧化通常是指葡萄酒被过多暴露在空气中，接触了过多的氧气。导致氧化的原因有很多种，比如木塞或者酒瓶瓶盖出现问题使酒瓶内进入过多的氧气。被氧化的葡萄酒在颜色、风味和香气上都失去了原有的特色，会变得更酸，尝起来像醋一样。白葡萄酒被氧化后会散发出腐烂的青苹果气息，而红葡萄酒被氧化后会散发出水果干或蔬菜的气息。被氧化的葡萄酒无法补救。

2. 硫化物污染

葡萄酒中添加的二氧化硫或其他硫化物过量时，葡萄酒就会遭到破坏，造成硫化物污染。此外，葡萄酒中的微生物硫代谢也可能会导致硫化物污染。葡萄酒中常见的硫化物有二氧化硫、硫化氢（hydrogen sulfide，简称 H_2S）和硫醇（mercaptans）。葡萄酒中二氧化硫含量过高将会对其产品口感和质量产生诸多不利影响。在食品添加剂的使用方面，要严格按照《食品安全国家标准　食品添加剂使用标准》（GB 2760）的规定进行添加，在添加过程中，应准确使用称量器具，做好投料记录，同时建议应由两人以上进行操作，互相监督，确保操作规范。

3. 酒香酵母菌（brettanomyces）污染

酒香酵母菌是一种野生酵母，它会为葡萄酒带来烟熏或动物的气息。在酸度较低的红葡萄酒中，酒香酵母菌较为常见，它对葡萄酒的影响类似葡萄酒陈年所产生的影响。如果酒香酵母菌过多，就会产生一些令人不悦的气味。旧世界国家酿造的葡萄酒中，酒香酵母菌比较常见。

4. 木塞污染

木塞与湿气、氯气及霉菌接触后会产生一种名为三氯苯甲醚（Trichloroanisole，简称TCA）的化学物质。

这种物质转移到葡萄酒之前，可以在一些受到污染的木塞中发现它。木塞从制作到最后封瓶，都有可能与湿气、氯气及霉菌接触，最终产生TCA。TCA的浓度只要达到一万亿分之四，人的鼻子就能嗅出它的气味。葡萄酒带有轻微的这种气味，闻起来仅仅像橡木的味道。但是，如果TCA的味道过重，葡萄酒闻起来就有发霉的旧报纸和湿纸板气味。

这种情况下，葡萄酒的芳香、果香及橡木香都会被它夺走。如果葡萄酒受到明显的木塞污染，就无法补救。

五、成品质量标准及评价

《葡萄酒》（GB/T 15037—2006）规定了葡萄酒的相关术语和定义、产品分类、要求、检验规则和标志等要求。此外，葡萄酒污染物限量应符合GB 2762的规定；真菌毒素限量应符合GB 2761的规定；农药残留应符合GB 2763的规定；致病菌限量应符合GB 29921的规定。葡萄酒产品类型较多，表2以平静干白葡萄酒为例，介绍了葡萄酒应符合的质量安全指标要求。

表2 平静干白葡萄酒质量安全指标

产品指标		指标要求	标准法规来源	检验方法
原料要求		应符合相应的标准和有关规定	GB 2758	
感官要求	外观-色泽	近似无色、微黄带绿、浅黄、禾秆黄、金黄色	GB/T 15037	GB/T 15038
	外观-澄清程度	澄清，有光泽，无明显悬浮物（使用软木塞封口的酒允许有少量软木渣，装瓶超过1年的葡萄酒允许有少量沉淀）		
	香气	具有纯正、优雅、怡悦、和谐的果香与酒香，陈酿型的葡萄酒还应具有陈酿香或橡木香		
	滋味	具有纯正、优雅、爽怡的口味和悦人的果香味，酒体完整		
	典型性	具有标示的葡萄品种及产品类型应有的特征和风格		

续表

产品指标		指标要求	标准法规来源	检验方法
理化指标	酒精度	≥7.0%（20℃，体积分数）	GB/T 15037	GB/T 15038
	总糖	≤4.0g/L［以葡萄糖计。当总糖与总酸（以酒石酸计）的差值小于或等于2.0g/L时，含糖最高为9.0g/L］		
	干浸出物	≥16.0g/L		
	挥发酸	≤1.2g/L（以乙酸计）		
	柠檬酸	≤1.0g/L		
	铁	≤8.0mg/L		
	铜	≤1.0mg/L		
	甲醇	≤250mg/L		
	苯甲酸或苯甲酸钠	≤50mg/L（以苯甲酸计）		GB 5009.28
	山梨酸或山梨酸钾	≤200mg/L（以山梨酸计）		
	卫生要求	应符合GB 2758的规定		
	净含量	按国家质量监督检验检疫总局［2005］第75号令执行		JJF 1070
污染物限量	铅	≤0.2mg/kg（以Pb计）	GB 2762	GB 5009.12
	锡	≤250mg/kg（以Sn计。仅适用于采用镀锡薄板容器包装的食品）		
微生物要求	沙门氏菌	$n=5$，$c=0$，$m=0/25$mL	GB 2758	GB/T 4789.25
	金黄色葡萄球菌	$n=5$，$c=0$，$m=0/25$mL		
真菌毒素限量	赭曲霉毒素A	≤2.0μg/kg	GB 2761	GB 5009.96

续表

产品指标		指标要求	标准法规来源	检验方法
塑化剂限量	邻苯二甲酸二（α-乙基己酯）	≤1.5mg/kg	市场监管总局关于食品中"塑化剂"污染风险防控的指导意见	GB 5009.271
	邻苯二甲酸二异壬酯	≤9.0mg/kg	市场监管总局关于食品中"塑化剂"污染风险防控的指导意见	
	邻苯二甲酸二丁酯	≤0.3mg/kg	市场监管总局关于食品中"塑化剂"污染风险防控的指导意见	

实训工作任务单

学习项目	葡萄酒加工技术	工作任务	葡萄酒制作
时间		工作地点	
任务内容			
工作目标	素质目标 1. 了解中国葡萄酒加工行业近几年基本情况 2. 了解主要葡萄酒的行业特点 技能目标 1. 能够根据标准要求进行葡萄酒加工原辅料的验收 2. 能够根据葡萄酒原辅料特点和成分对加工工艺参数进行调整 3. 能够预防和解决葡萄酒加工过程中的主要质量安全问题 知识目标 1. 掌握常见酿酒葡萄的主要理化成分和加工特点 2. 掌握葡萄酒加工的主要原辅料及其验收要求 3. 掌握典型葡萄酒加工的主要工艺流程和关键工艺参数 4. 掌握葡萄酒加工中的主要质量安全问题及防（预防）治（解决）方法 5. 掌握葡萄酒成品的质量安全标准要求及其评价方法		
产品描述	请描述该产品的特点、感官性状、营养成分等		
实验设备	请列举本次实验使用的设备，并描述操作要点		
操作要点	请根据课程学习和实验操作填写葡萄酒制作的工艺流程和操作要点		
成果提交	实训报告，葡萄酒产品		
相关标准/验收标准	请根据课程学习和实验操作填写葡萄酒的相关验收标准，包括指标名称、指标要求、检测方法、来源标准法规		
实验心得	本次实验有哪些收获？产品的关键控制点和容易出现的问题有哪些		
提示			

工作考核单

学习项目		葡萄酒加工技术		工作任务		葡萄酒制作	
班级				组别		（组长）姓名	
序号	考核内容		考核标准	分数	权重		
					自评 30%	组评 30%	教师评 40%
1	学习态度		积极主动，实事求是，团队协作，律己守纪				
2	组织纪律		上课考勤情况				
3	任务领会与计划		理解生产任务目标要求，能查阅相关资料，能制订生产方案				
4	任务实施		能根据生产任务单和作业指导书实施生产步骤，完成任务				
5	项目验收		依据相关技术资料对完成的工作任务进行评价				
6	工作评价与反馈		针对任务的完成情况进行合理分析，对存在问题展开讨论，提出修改意见				
			合计				
评语							

指导老师签字_____

任务八　果醋饮料加工

学习目标

【素质目标】

了解中国果醋饮料加工行业近几年基本情况

【知识目标】
1. 掌握常见果醋饮料的主要理化成分和加工特点
2. 掌握果醋饮料加工的主要原辅料及其验收要求
3. 掌握典型果醋饮料加工的主要工艺流程和关键工艺参数
4. 掌握果醋饮料加工中的主要质量安全问题及防（预防）治（解决）方法
5. 掌握果醋饮料成品的质量安全标准要求及其评价方法

【技能目标】
1. 能够根据标准要求进行果醋饮料加工原辅料的验收
2. 能够根据原辅料特点和成分对加工工艺参数进行调整
3. 能够预防和解决果醋饮料加工过程中的主要质量安全问题

任务资讯（任务案例）

近年来，随着人们生活质量的提高，对水果及其产品的需求量越来越大。据资料显示：2000 年，我国水果产量仅为 0.62 亿吨，而 2021 年增长到 2.93 亿吨，增长了 3.73 倍。新疆作为我国水果的主要产地，新疆果蔬种植总面积已达两千多万亩，形成南疆环塔里木盆地种植杏、梨、苹果，东疆吐鲁番、哈密地区种植鲜食葡萄、红枣，北疆伊犁河谷、天山北坡种植鲜食和酿酒葡萄等特色鲜明的林果基地。

近年来，随着对"健康、天然"等理念的关注，大众不仅对食物有要求，在对饮料的选择上也会趋于健康，因此绿色、原生态食材饮料备受青睐。1997 年，果醋饮料在我国开始发展，是继碳酸饮料、包装饮用水、茶饮料、果汁饮料和功能饮料之后的"第六代黄金饮品"。

目前，虽然我国水果种类繁多，产量规模大，但国内果醋饮料市场却表现出总量较小，产品细分种类较少，主要以苹果醋饮料为主，消费者对果醋饮料的认知程度较低等现象。预计随着果醋饮料市场影响力的不断增强、产品种类的不断丰富创新以及消费者对果醋饮料认知的不断提升，我国果醋饮料行业将迎来快速发展期。

任务发布

据业内人士预测：虽然与发达国家相比，我国果横醋饮料市场还处在起步阶段，但未来发展潜力巨大。针对以上情况，某企业欲新上生产线，生产苹果醋饮料。那在原辅料验收，工艺流程，生产过程卫生，成品验收中将面临哪些问题及如何预防与改善呢？

任务分析

依据《饮料通则》（GB/T 10789—2015）规定，饮料即饮品，是指经过定量包装的，供直接饮用或按一定比例用水冲调或冲泡饮用的，乙醇含量不超过质量分数为 0.5% 的制品。也可为饮料浓浆或固体形态。

依据《苹果醋饮料》（GB/T 30884—2014）规定，饮料用苹果醋是指以苹果、苹果边角料或者浓缩苹果汁（浆）为原料，经酒精发酵、醋酸发酵制成的液体产品。苹果醋饮料是指以饮料用苹果醋为基础原料，可加入食糖和（或）甜味剂、苹果汁等，经调制而成的饮料。

根据《绿色食品　果醋饮料》（NY/T 2987—2016）规定，果醋饮料指的是以水果、水果汁（浆）或浓缩水果汁（浆）为原料，经酒精发酵、醋酸发酵后制成果醋，再添加或不添加其他食品原辅料和（或）食品添加剂，经加工制成的液体饮料。

要进行苹果醋饮料加工，需要根据食品生产许可的要求具备环境场所、设备设施、人员制度等方面的要求，获得相应品类的食品生产许可证，才能开展生产工作。在果醋饮料的加工方面，首先，要了解水果原料的主要品种，以及各个品种的主要理化成分和加工特点，根据标准要求验收采购原料；其次，要按照果醋饮料加工的基本工艺流程和参数开展生产加工，在加工过程中要利用各种技术手段预防或解决各类产品质量安全问题，确保产品质量安全；最后，要根据成品标准对成品进行检验。

任务实施

一、生产规范要求

（一）环境场所

良好的卫生环境是生产安全食品的基础，果醋饮料企业的生产环境应符合《食品安全国家标准　食品生产通用卫生规范》（GB 14881）、《食品安全国家标准　饮料生产卫生规范》（GB 12695）等相关标准的相关要求，厂区选址应远离污染源，周围无虫害大量滋生的潜在场所，环境整洁。厂区布局合理，各功能区域划分明显，包括原辅料库、生产车间、检验室等；设计与布局合理，便于设备的安装、清洗、消毒等；道路硬化，铺设混凝土、沥青或者其他硬质材料；厂区绿化与生产车间保持适当距离，生活区及生产区分开。有合理的排水系统，污水处理设施等应当远离生产区域和主干道，并位于主风向的下风处，排放应符合相关规定。生产区建筑物与外源公路或道路应保持一定距离或封闭隔离，并设有防护措施。厂区内禁止饲养禽、畜。车间内生产工艺布局合理，满足食品卫生操作要求，根据产品特点、生产工艺及生产过程对清洁程度的要求，合理划分作业区，避免交叉污染。

果醋饮料的生产车间依其清洁度要求一般分为：一般作业区（以水果为原料的清洗区、水处理区、仓储区、外包装区等）、准清洁作业区（杀菌区、配料区、预包装清洗消毒区等）、清洁作业区（灌装防护区等）。对于有后杀菌工艺的，灌装防护区可设在"准清洁作业区"，杀菌区可设在"一般作业区"。生产场所或生产车间入口处应设置更衣室，洗手、干手和消毒设施，换鞋（穿戴鞋套）或工作鞋靴消毒设施。清洁作业区入口应设置二次更衣区，洗手、干手和（或）消毒设施，换鞋（穿戴鞋套）或工作鞋靴消毒设施。清洁作业区应满足相应空气洁净度要求。静态时空气洁净度应至少达到10万级要求。准清洁作业区及清洁作业区应相对密闭，清洁作业区设有空气处理装置和空气消毒设施。

（二）设备设施

果醋饮料生产企业应配备与生产能力和实际工艺相适应的设备，生产设备应有明显的运行状态标识,并定期维护、保养和验证。设备安装、维修、保养的操作不应影响产品质量和食品安全。设备应进行验证或确认,确保各项性能满足工艺要求,无法正常使用的设备应有明显标识。由于果醋饮料是由果醋调配成的色泽、口感较好的产品,因此下面重点介绍果醋生产所需设备。一般包括:原辅料加工设备(筛选、破碎、蒸煮设备等);种曲(外协提供的不要求)、制曲设备(或酶法液化、糖化设备);酒精发酵设施;醋酸发酵设施;淋醋设施;贮存设备;灭菌设备;灌装设备和包装设备。

由于果醋饮料在灭菌后应在密封状态下灌装,因此生产瓶装果醋饮料的企业必须具备有效的自动或半自动的洗瓶、消毒设备及有效的自动或半自动的瓶装灌装设备。

(三) 废弃物处理

在果醋饮料生产过程中,企业应制定废弃物存放和清除制度,有特殊要求的废弃物其处理方式应符合有关规定。废弃物应定期清除;易腐败的废弃物应尽快清除;必要时应及时清除废弃物。

车间外废弃物放置场所应与食品加工场所隔离防止污染;应防止不良气味或有害有毒气体溢出;应防止虫害孳生。

二、原辅材料要求

(一) 原料用苹果品种及其成分

新疆苹果产品品种较多,其中适合做果醋饮料的包括红富士、阿克苏苹果等。

根据《中国食物成分表》(2018年版),苹果的主要成分见表1。

表1 苹果一般营养素成分表(以每100g可食部计)

食物成分名称	食物名称	
	苹果(代表值)[1]	红富士苹果
水分/g	86.1	86.9
能量/kJ	227	205
蛋白质/g	0.4	0.7
脂肪/g	0.2	0.4
碳水化合物/g	13.7	11.7
不溶性膳食纤维/g	1.7	2.1
胆固醇/mg	0	0
灰分/g	0.2	0.3
维生素A/μg RAE	4	5
胡萝卜素/μg	50	60
视黄醇/μg	0	0
维生素B_1/mg	0.02	0.01
维生素B_2/mg	0.02	—[2]

续表

食物成分名称	食物名称	
	苹果（代表值）[1]	红富士苹果
烟酸/mg	0.20	—
维生素 C/mg	3.0	2.0
维生素 E/mg	0.43	1.46
钙/mg	4	3
磷/mg	7	11
钾/mg	83	115
钠/mg	1.3	0.7
镁/mg	4	5
铁/mg	0.3	0.7
锌/mg	0.04	—
硒/μg	0.10	0.98
铜/mg	0.07	0.06
锰/mg	0.03	0.05

注：1. 代表值是指当来自不同地区的同一种食物有多个的时候，为了便于使用，《中国食物成分表》（2018 年版）对不同产区或不同品种的多条同个食物营养素含量计算了"$\bar{x}$"代表值。

2. 符号"—"，表示未检测，理论上食物中应该存在一定量的该种成分，但未实际检测。

（二）原料用苹果验收要求

依据《苹果醋饮料》（GB/T 30884—2014），苹果应符合相关的标准和法规。浓缩苹果汁（浆）应符合 CB 17325 等相关标准和法规。例如，生产果醋饮料所使用的苹果应符合相应食品安全国家标准的要求，污染物限量应符合 GB 2762 的规定；真菌毒素限量应符合 GB 2761 的规定；农药残留应符合 GB 2763 的规定。

依据《绿色食品 果醋饮料》（NY/T 2987—2016），水果应符合相关绿色食品标准，水果汁（浆）、浓缩水果汁（浆）应符合 GB/T 31121 的要求。

依据《浓缩苹果汁》（GB/T 18963—2012），生产浓缩苹果汁使用的苹果应成熟、洁净、无落地果，腐烂率小于 5%。农药残留应符合 GB 2763 的要求。

（三）加工用水要求

水是果醋饮料生产中的重要原料。生产果醋饮料必须预先分析生产用水的质量，了解各组分的纯度等情况。然后确定处理水的方案，满足饮料用水的水质要求。饮料产品使用水源需要满足《生活饮用水卫生标准》（GB 5749）中的要求。果醋饮料用水水源通常来自地表水、地下水和自来水，不同水源具有不同的特点。其中，城市自来水主要是指地表水经过适当的水处理工艺，水质达到一定要求并贮存在水塔中的水。由于饮料厂多数设于城市，以自来水为水源，故在此也作为水源考虑。其特点为：水质好且稳定，符合生活饮用水标准；水处理设备简单，容易处理，一次性投资小；但水价高，经常使用费用大；使用时要注意控制

Cl^{1-}、Fe^{3+}含量及碱度、微生物量。

三、加工工艺操作

通常果醋饮料生产是先以果汁为原料发酵制得果醋,再经风味调配、稳定剂复配、乳化匀浆、灭菌、过滤、罐装、巴氏灭菌等工艺加工而成。由于果醋加工是整个工艺流程中的关键环节,因此本节重点对果醋的加工工艺展开介绍。果醋的发酵包括固态发酵法和液态发酵法。一般工艺流程为:原料→原料处理→酒精发酵→醋酸发酵→淋醋→灭菌→灌装。

(一) 固态发酵法

固态发酵是我国从古至今生产醋的方法。此法要求先使用低温糖化,然后通过酒精发酵,先加入有益的微生物一起共同发酵,再加入大量的填料和辅料,采用提取醋的方法提取醋,成品具有浓郁的香气,口感醇厚,色泽深,缺点是有很长的生产周期,需要大量的劳动力,产品生产效率低,它不适用于果醋的大规模商业生产。

固态发酵法生产果醋的工艺流程如下:

(1) 果品处理:先剔除虫果及腐烂部分,然后洗净放入木制或不锈钢容器中捣碎。

(2) 制苗种:用麸皮100kg,醋用发酵剂150g加水拌和,温度以手握时指缝有水而不滴水为宜。再用浅盒装料,放入菌种室。室温30℃,品温保持在30~35℃,每两小时翻拌一次,使物料充分接触空气,在物料发出醋香味,呈黄色块状后阴干备用。

(3) 配料:在果料内加入适量的麸皮,用于吸收多余的水分,使原料疏松加速醋化过程。麸皮加入量的多少,以手握掺料从指缝间能挤出水分 而不滴水为宜。

(4) 接菌发酵:100kg原料加入3kg醋用菌种和3kg麸曲。(总量按原料重量的6%)。堆入高1.5m,宽2m,长3.5m(可按物料量 多少定池容积),上用塑料薄膜覆盖,每日翻料1~2次,料温控制在36℃左右,不宜超过40℃,经3d糖化,6d酒化,8~10d醋化,待原料发出醋香味,且无生涩味时,醋坯成熟。

(5) 淋醋:淋醋时可用淋醋缸,在缸的下面钻一个直径为2cm的孔,安上长10~20cm的竹筒,筒口塞以清洁的纱布。缸底悬空,置一竹筛,筛上铺1~2层洁净的麻袋片,醋坯倒在麻袋片上,按1kg醋坯加1kg清洁凉水的比例,倒入凉水,浸泡4h后,取掉塞口的纱布,醋就从筒口流出。头次淋的醋为头醋,二次淋的醋为二醋,三次淋的醋为尾水醋,将尾水醋倒入醋坯洒头醋,根据市场需要调配成甲醋、乙醋。经100℃高温灭菌后验质。即成成品醋。

(二) 液态发酵法

液态发酵有高程度的机械化,操作上轻松便捷,无填料,良好的卫生条件,相对较高的原料利用率(6.5~7成)生产时间缩短,产品质量稳定的优点。

液态发酵法生产果醋的工艺流程如下:

(1) 选材、洗料:首先观察外表,挑选色泽鲜艳的红富士苹果,要求不能有损坏部分、无枝叶、无杂质,利用流动水洗除污泥和杂质后,把苹果切分成小块,并在稀HCl中浸泡约5min,然后用$KMnO_4$洗干净。

(2) 破碎、榨汁:把已经洗净的切成小块的苹果放入破碎机中,再进一步破碎粉碎。收集榨出的苹果汁,此时应注意不要让榨出的苹果汁与空气接触,以免影响产品质量。添加适量的果胶来提高原料的利用率和汁液的产量,并且添加适量的维生素C以防止氧化酶的氧化，由于榨出的果汁中含有的某些成分易与铁质容器发生化学反应，因此应避免与铁和其他相关物品接触。盛放榨出汁使用非金属容器。

（3）灭菌处理：每次放料进入容器之前，必须对容器进行灭菌操作，首先，为了保持设备清洁，必须用大量的纯净水冲洗，冲洗掉附着在设备表面的残留物。其次，采用高温高压蒸汽法，灭菌时间要超30min。特别注意：高温高压蒸汽操作时，保持所有设备都在半开着的状态，以防止发生事故。最后，在完成灭菌之后，关闭所有阀（开着的除外）以避免污染。

（4）发酵准备，接种：接种前进行严格的灭菌以防止杂菌的引入。先把原料和设备进行灭菌然后等待温度冷却至室温后开始接种，接种时要控制好发酵罐的温度和pH值来保证反应的相对稳定。并保持细菌的正常的生长发育，来保证发酵步骤的正常开展，此外，要观察反应情况并定时做好记录，确保反应各参数正常运行。

（5）发酵准备，调整糖度：糖的含量控制是发酵成功和生产高品质苹果醋的最重要的因素之一，由于糖原料是发酵的底部物质，所以发酵液中含糖量很大程度地影响着发酵的进行，酵母的生长情况受含糖量的影响，过高的糖含量，会导致底物浓度过大，加速酵母的生长甚至加速酵母的死亡，会导致发酵液过于黏稠，发酵效果达不到预期效果。因此，控制浓缩果汁的含糖量为10%。

（6）酵母菌活化：把适量酿酒干酵母融入5~10倍的已经灭过菌的30~35℃的温水中，不断均匀搅拌，活化10~20min，备用。

（7）醋酸菌的活化：在无菌操作条件下把陈醋接种到适合的醋酸菌活化培养基，30℃下连续持续不断摇匀1d，备用。

（8）发酵：首先进行酒精发酵。将进料液冷却至室温，把已经灭菌的苹果汁发酵液冷却，然后加入0.3%的酵母液，并在35~37℃下培养，每天测量糖含量、酒精度和酸度，酒精发酵阶段结束的特征是糖含量不再变化。在酒精发酵结束后，开始醋酸发酵，将活化的醋酸菌接入发酵液中，并在30℃下进行发酵，每天测量糖含量、酒精度和酸度的变化。醋酸发酵结束的特征是糖含量不再显著变化。

四、主要质量问题及防（预防）治（解决）方法

在果醋生产过程中，原料果汁在生产、储藏及销售时易出现败坏、变色、变味等质量安全问题，本节对这些现象产生的原因进行分析，并介绍常用的解决方法。

（一）原料果汁的褐变

果醋饮料原料果汁容易发生非酶褐变，产生黑色物质，使果醋颜色加深，口感变差。非酶褐变引起的变色对浓缩果汁色泽影响较大，因为褐变反应的速度随反应物的浓度增加而加快。影响非酶褐变的因素主要还有温度和pH值，果汁加工中应尽量降低受热程度，将pH值控制在3.2以下，避免与非不锈钢的器具接触，可适当添加维生素C，以延缓果汁的非酶褐变。

果实组织中的酶在破碎、取汁、粗滤、泵输送等加工过程中接触空气，多酚类物质在酶的催化下氧化变色，即果汁发生酶褐变。在金属离子作用下，果汁的酶褐变速度更快，生产中除采用减少空气、避免金属离子作用以及低温、低pH值储藏等方法外，还可添加适量的

抗坏血酸及苹果酸等抑制酶褐变，以减轻果汁色泽变化。

(二) 原料果汁的败坏

果汁败坏常表现在变味上，如酸味、酒精味、臭味、霉味等，也会出现表面长霉、浑浊和发酵，主要原因是由细菌、霉菌和酵母等微生物在果汁中生长繁殖导致。

当原料水果受机械伤后，霉菌就易侵入，使原料腐败变质，导致果汁浑浊，并分解原有的有机酸，产生异味酸类，造成产品变味，对果汁质量构成威胁。为保证果醋质量，就必须从源头保证原料的质量，选择无病虫害的水果，储藏期间妥善保管，防止微生物侵染。为了酿制优质的果醋，根据微生物繁殖及发酵的需要，可对果汁（糖分、酸度、含氮物质）成分进行调整，并尽量考虑水果香气成分的保留。

(三) 混浊沉淀现象

果醋在保存和使用的过程中，会出现悬浮膜，结块与沉淀物的混浊现象，轻者影响外观，重者影响产品的品质，醋的混浊是一个非常复杂的现象，可概括为生物性混浊和非生物性混浊两大类型，每一种类型都有很复杂的原因和影响因素。

1. 生物性混浊

生物性混浊中，微生物是主要原因，发酵过程中微生物侵染引起的混浊，由于醋的酿制大部分采用开口式的发酵方式，空气中杂菌容易侵入，发酵菌种主要来自曲料，有霉菌（红曲霉、根霉、米曲霉）、酒精酵母、醋酸杆菌等，同时也寄生着其他微生物，如汉逊氏酵母、皮膜酵母、乳酸菌和放线菌等，正是这些微生物产生了醋多种香味物质和氨基酸等，对产品是有益的，但皮膜酵母及汉逊氏酵母在高酸、高糖和有氧的条件下，产生酸类的同时，也繁殖了自身，大量的酵母菌体上浮形成具有黏性的白色浮膜，且多呈现乳白色至黄褐色。当各种其他杂菌也大量繁殖后，悬浮其中就造成了果醋的混浊现象。成品食醋再次污染造成的混浊，经过滤后清澈透明的醋或过滤后再加热灭菌的醋搁置一段时间后逐渐呈现均匀的混浊，这是由嗜温、耐醋酸、耐高温、厌氧的梭菌引起的。梭菌的增殖不仅消耗醋中的各种成分，还会代谢不良物质，如产生异味的丁酸、丙酮等破坏醋的风味，而且大量菌体包括未自溶的死菌体使醋的光密度上升，透光率下降。生物性混浊的主要解决方法是：保证加工车间、环境卫生，操作人员的规范作业，应用先进的杀菌设备，防止杂菌污染等。

2. 非生物性混浊

主要是由于在生产、贮存过程中，原辅料未完全降解和利用，存在着淀粉、糊精、蛋白质、多酚、纤维素、半纤维素、脂肪、果胶、木质素等大分子物质及生产中带来的金属离子，这些物质在氧气和光线作用下发生化合和凝聚等变化，形成混浊沉淀。另外，辅料中含有部分粗脂肪，这些物质将与成品中的 Ca^{2+}、Fe^{3+}、Mg^{2+} 等金属离子络合结块，而且这些物质给耐酸菌提供了再利用的条件，因此产生了混浊，果醋的非生物性混浊是由果汁中的一些物质引起的，因此防止果醋后混浊一般在发酵之前需合理处理果汁，去除或降解其中的果胶、蛋白质等引起混浊的物质。具体方法有：①用果胶酶、纤维素酶、蛋白酶等酶制剂处理果汁，降解其中的大分子物质；②加入皂土使之与蛋白质作用产生絮状沉淀，并吸附金属离子；③加入单宁、明胶，果汁中原有的单宁量较少，不能与蛋白质形成沉淀，因此加入适量单宁，其带负电荷与带正电荷的明胶（蛋白质）产生絮凝作用而沉淀；④利用PVPP（聚乙烯吡咯烷酮）强大络合能力使其与聚丙烯酸、鞣酸、果胶酸、褐藻酸生成络合性沉淀。

五、成品质量标准及评价

《食品安全国家标准　饮料》（GB 7101—2015）标准规定了饮料的感官要求、重金属限量要求等食品安全要求及其检测方法。其中，污染物限量应符合 GB 2762 的规定；真菌毒素限量应符合 GB 2761 的规定；农药残留应符合 GB 2763 的规定；致病菌限量应符合 GB 29921 的规定。

《苹果醋饮料》（GB/T 30884—2014）规定了饮料用苹果醋、苹果醋饮料的质量安全指标要求，《绿色食品　果醋饮料》（NY/T 2987—2016）规定了果醋饮料的质量安全指标要求。

依据上述规定，整理出苹果醋饮料成品应符合的质量安全指标如表 2 所示。

表 2　苹果醋饮料质量安全指标

产品指标		指标要求	标准法规来源	检验方法
原料要求	原辅料要求	1. 饮料用苹果醋： a）苹果应符合相关的标准和法规；浓缩苹果汁（浆）应符合 GB 17325 等相关标准和法规 b）生产过程中不得使用粮食及其副产品、糖类、酒精、有机酸及其他碳水化合物类辅料 c）除乙酸（醋酸）外，同时含有苹果酸、柠檬酸、酒石酸、琥珀酸等不挥发有机酸。其中，苹果酸含量不低于 0.08%（总酸按 4% 计时），柠檬酸、酒石酸、琥珀酸应全部检出；乳酸含量不高于 0.05% d）不得检出游离矿酸 不得使用粮食等非苹果发酵产生或人工合成的食醋、乙酸、苹果酸、柠檬酸等调制苹果醋饮料 2. 其他原辅料应符合相关标准和法规	GB/T 30884	
	配料要求	在苹果醋饮料加工中，苹果醋和苹果汁的用量应符合以下规定： 添加饮料用苹果醋（以总酸 4% 计时）：≥5%； 添加苹果汁：≤30%	GB/T 30884	

续表

产品指标		指标要求	标准法规来源	检验方法
原料要求		1. 水果应符合相关绿色食品标准要求 2. 水果汁（浆）、浓缩水果汁（浆）应符合 GB/T 31121 的要求，且其原料水果应符合相关绿色食品标准要求 3. 其他辅料应符合相关国家标准要求 4. 加工用水应符合 NY/T 391 的要求 5. 食品添加剂应符合 NY/T 392 的要求	NY/T 2987	
感官要求		具有该产品应有的色泽、香气和滋味，无异味，允许有少量沉淀，无正常视力可见的外来杂质	GB/T 30884	GB/T 30884
感官要求	色泽	具有该产品固有的色泽	NY/T 2987	NY/T 2987
	滋味和气味	具有该产品固有的滋味和气味，无异味		
	组织状态	均匀液体，允许有少量沉淀		
	杂质	正常视力下，无可见外来杂质		
理化指标	总酸	≥3g/kg（以乙酸计）（添加二氧化碳的产品总酸大于等于 2.5g/kg）	GB/T 30884	GB/T 12456
	苹果酸	50~1000mg/kg		GB 5009.157
	柠檬酸	≤300mg/kg		
	乳酸	<250mg/kg		SN/T 2007
	游离矿酸	不得检出		GB 5009.233
	铜	≤5mg/kg	NY/T 2987	GB 5009.13
	铁	≤15mg/kg		GB 5009.90
	锌	≤5mg/kg		GB 5009.14
	铜、铁、锌总和	≤20mg/kg（仅限于金属罐装的果醋饮料产品）		
	净含量	应符合国家市场监督管理总局令 2005 年第 75 号的规定		JJF 1070
污染物限量	总砷	≤0.1mg/kg（以 As 计）		GB 5009.11
	二氧化硫	≤10mg/kg		GB 5009.34

续表

产品指标		指标要求	标准法规来源	检验方法
微生物要求	霉菌和酵母	≤20CFU/mL（非罐头加工工艺生产的罐装产品）	NY/T 2987	GB 4789.15
	金黄色葡萄球菌	$n=5$，$c=1$，$m=100$CFU/mL，$M=1000$CFU/mL		GB 4789.10
	菌落总数	≤100CFU/mL		GB 4789.2
	大肠菌群	≤0.03 MPN/mL		GB 4789.3
微生物要求		罐头加工工艺生产的罐装产品仅检测商业无菌，应符合商业无菌的要求		GB 4789.26
污染物限量	铅	≤0.05mg/L（以 Pb 计）	GB 2762	GB 5009.12
	锡	≤150mg/kg（以 Sn 计。仅适用于采用镀锡薄板容器包装的食品）		GB 5009.16
致病菌限量	沙门氏菌	$n=5$，$c=0$，$m=0/25$mL，$M=—$	GB 29921	GB 4789.4
真菌毒素限量	展青霉素	≤50μg/kg（仅限于以苹果、山楂为原料制成的产品）	GB 2761	GB 5009.185

实训工作任务单

学习项目	果醋加工技术	工作任务	苹果醋制作
时间		工作地点	
任务内容	苹果原料的处理，苹果榨汁，苹果汁处理，苹果醋生产过程中存在的质量问题与解决方法		
工作目标	素质目标 了解中国果醋加工行业近几年基本情况 知识目标 1. 掌握新疆常见果醋的主要理化成分和加工特点 2. 掌握果醋加工的主要原辅料及其验收要求 3. 掌握典型果醋加工的主要工艺流程和关键工艺参数 4. 掌握果醋加工中的主要质量安全问题及防（预防）治（解决）方法 5. 掌握果醋成品的质量安全标准要求及其评价方法 技能目标 1. 能够根据标准要求进行果醋加工原辅料的验收 2. 能够根据原辅料特点和成分对加工工艺参数进行调整 3. 能够预防和解决果醋加工过程中的主要质量安全问题		
产品描述	请描述该产品的特点、感官性状、营养成分等		
实验设备	请列举本次实验使用的设备，并描述操作要点		

续表

操作要点	请根据课程学习和实验操作填写苹果醋制作的工艺流程和操作要点
成果提交	实训报告，苹果醋产品
相关标准/验收标准	请根据课程学习和实验操作填写苹果醋的相关验收标准，包括指标名称、指标要求、检测方法、来源标准法规
实验心得	本次实验有哪些收获？产品的关键控制点和容易出现的问题有哪些
提示	

工作考核单

学习项目		果醋加工技术		工作任务		苹果醋制作	
班级				组别		（组长）姓名	
序号	考核内容	考核标准	分数	权重			
				自评 30%	组评 30%	教师评 40%	
1	学习态度	积极主动，实事求是，团队协作，律己守纪					
2	组织纪律	上课考勤情况					
3	任务领会与计划	理解生产任务目标要求，能查阅相关资料，能制订生产方案					
4	任务实施	能根据生产任务单和作业指导书实施生产步骤，完成任务					
5	项目验收	依据相关技术资料对完成的工作任务进行评价					
6	工作评价与反馈	针对任务的完成情况进行合理分析，对存在问题展开讨论，提出修改意见					
		合计					

评语	

指导老师签字＿＿＿＿＿＿＿＿

任务九　啤酒加工

学习目标

【素质目标】

了解中国啤酒加工行业近几年基本情况

【技能目标】

1. 能够根据标准要求进行啤酒加工原辅料的验收
2. 能够根据原辅料特点和成分对加工工艺参数进行调整
3. 能够预防和解决啤酒加工过程中的主要质量安全问题

知识目标

1. 掌握啤酒原料的主要理化成分和加工特点
2. 掌握啤酒加工的主要原辅料及其验收要求
3. 掌握典型啤酒加工的主要工艺流程和关键工艺参数
4. 掌握啤酒加工中的主要质量安全问题及防（预防）治（解决）方法
5. 掌握啤酒成品的质量安全标准要求及其评价方法

任务资讯（任务案例）

据国家统计局数据显示，2021 年全国酿酒产业规模以上企业总计 1761 家，啤酒产业全国规上企业产量 3562.43 万千升，销售收入 1584.80 亿元，利润 186.80 亿元。2020 年全国规模以上啤酒企业完成酿酒总产量 3411.11 万千升，销售收入 1468.94 亿元，利润 133.91 亿元。在新冠肺炎疫情的冲击和影响下，2021 年啤酒的产销利润仍较 2020 年有一定提升。而新疆啤酒总产量为 46.2 万千升，仅占全国总产量的 1.35%。我国是啤酒生产和消费大国，每年均有啤酒进出口贸易，啤酒销往海外多个国家和地区，包括"一带一路"沿线国家。受"一带一路"影响，啤酒贸易发生了微妙的变化，我国啤酒进口态势减弱而出口增强。新疆位于中国西北地区，亚欧大陆腹地，是"一带一路"建设的核心区，地理优势有利于新疆啤酒的出口。

新疆地域辽阔，光热资源丰富，造就了很多独具特色的产品，啤酒的主要原料啤酒花就是新疆特色产品之一。新疆是我国最大的啤酒花种植生产基地，占全国产量的 70%；拥有优质水源天山冰川，冰川储量占全国的 50%。新疆的气候条件非常适合大麦的种植，丰富的水土资源，利于大麦规模化的种植生产。新疆啤酒大麦虽起步晚，但凭借先天的资源优势，啤酒大麦品质好，对我国啤酒产业有重要影响。但由于新疆啤酒厂规模较小，导致新疆大麦并未形成大规模的种植生产基地。

任务发布

啤酒发展历史悠久，是水和茶之后世界上消耗量排名第三的饮料，啤酒在许多国家都是常见的饮品。我国是啤酒生产大国和消费大国，根据中国酒业协会披露的啤酒行业"十四五"规划，预计2025年啤酒行业利润有望达300亿元。为了拓展新疆啤酒产业，新疆某企业欲新上啤酒生产线，生产淡色啤酒。请问该企业生产该种啤酒的原辅料验收要求是什么？主要工艺流程有哪些？生产过程卫生控制要符合哪些要求？该企业生产过程中可能面临哪些质量安全问题？如何预防和改善？该企业成品的验收标准有哪些？

任务分析

依据《食品安全国家标准　发酵酒及其配制酒》（GB 2758—2012），发酵酒是以粮谷、水果、乳类等为主要原料，经发酵或部分发酵酿制而成的饮料酒。

依据《啤酒》（GB/T 4927—2008），啤酒是指以麦芽、水为主要原料，加啤酒花（包括酒花制品），经酵母发酵酿制而成的、含有二氧化碳的、起泡的、低酒精度的发酵酒。啤酒按照色泽和工艺可分为淡色啤酒、浓色啤酒、黑色啤酒和特种啤酒，其中淡色啤酒是指色度 2 EBC~14 EBC 的啤酒，浓色啤酒是色度 15EBC~40EBC 的啤酒，黑色啤酒是色度大于或等于 41 EBC 的啤酒，特种啤酒是指由于原辅材料、工艺的改变，使之具有特殊风格的啤酒。

要进行淡色啤酒的加工，需要根据食品生产许可的要求具备环境场所、设备设施、人员制度等方面的要求，获得啤酒的食品生产许可证，才能开展生产工作。在啤酒的加工方面，首先，要了解啤酒生产原料的主要理化成分和加工特点，根据标准要求验收采购原料；其次，要按照啤酒加工的基本工艺流程和参数开展生产加工，在加工过程中要利用各种技术手段预防或解决各类产品质量安全问题，确保产品质量安全；最后，要根据成品标准对成品进行检验。

任务实施

一、生产规范要求

（一）环境场所

良好的卫生环境是生产安全食品的基础，啤酒企业的生产环境应符合《食品安全国家标准　食品生产通用卫生规范》（GB 14881）、《食品安全国家标准　啤酒生产卫生规范》（GB 8952—2016）等相关标准的相关要求，厂区选址应远离污染源，避免周围有虫害大量孳生的潜在场所，环境整洁，水源充足，并设有废水、废气处理系统。厂区布局合理，各功能区域划分明显，包括原辅料库、生产车间、检验室等；设计与布局合理，便于设备的安装、清洗、消毒等；道路硬化，铺设混凝土、沥青或者其他硬质材料；厂区绿化与生产车间保持适当距离，生活区及生产区分开。有合理的排水系统，污水处理设施等应当远离生产区域和主干道，并位于主风向的下风处,排放应符合相关规定。生产区建筑物与外源公路或道路应保持一定距离或封闭隔离,并设有防护措施。厂区内禁止饲养禽、畜。车间内生产工艺布局合理,满足食品卫生操作要求,根据产品特点、生产工艺及生产过程对清洁程度的要求,合理划分作业区,避免交叉污染。

啤酒的生产车间依其清洁度要求一般分为:清洁作业区(酵母扩培间、灌装间等)、准清洁作业区(水处理间、糖化间、发酵间、过滤间、清酒间、外包装间等)和一般作业区(原辅料仓库、包装材料仓库、成品仓库、动力辅房等)。不同类型的啤酒灌装间可根据灌装设备配置相应的环境杀菌设施,生(鲜)啤酒的灌装间一般设置在清洁作业区,采用自动罐装设备的熟啤酒的灌装间可设在准清洁作业区。对于包含上瓶、洗瓶等工序的自动连续罐装线,洗瓶工序应与后续工序有效隔离。生产场所或生产车间入口处应设置更衣室,洗手、干手和消毒设施,换鞋(穿戴鞋套)或工作鞋靴消毒设施。清洁作业区入口应设置洗手、干手和(或)消毒设施。

(二)设备设施

啤酒生产企业应配备与生产能力和实际工艺相适应的设备,生产设备应有明显的运行状态标识,并定期维护、保养和验证。设备安装、维修、保养的操作不应影响产品质量和食品安全。设备应进行验证或确认,确保各项性能满足工艺要求,无法正常使用的设备应有明显标识。

啤酒生产所需设备一般包括:原料粉碎设备、糖化设备、糊化设备、麦汁过滤设备、煮沸设备、回旋沉淀设备、麦汁冷却设备、酵母扩培设备、发酵罐、啤酒澄清设备、清酒罐、灌装设备等。除上述设备外,熟啤酒应具备杀菌设备,生啤酒应具备无菌过滤和无菌包装设备,特种啤酒应具备与生产工艺相适应的生产设备,如冰啤酒的生产应有冰晶化处理设备。如有制麦工序,应配备相应制麦设备,包括大麦分选设备、浸麦设备、发芽设备和干燥设备。啤酒发酵过程中回收利用二氧化碳,因此应设有二氧化碳回收处理设备,包括:除沫器、洗涤塔、压缩机、吸附塔、干燥塔、贮罐、汽化器。

二、原辅材料要求

(一)啤酒大麦和大米品种及其成分

新疆种植啤酒大麦有30多年,主要集中在北疆及东疆的一些较冷凉区。目前主要品种有新引D6号、新引D8号、甘啤3号、甘啤4号、新啤3号、新啤4号、新啤5号等。新疆种植的啤酒大麦均为春性品种,具有喜凉特性,新疆种植地区的温度适宜啤酒大麦生长,特别是在啤酒大麦灌浆期温度凉爽、昼夜温差大,可使啤酒大麦的千粒重提高5~8g,加之气温较低,大麦籽粒的碳水化合物转化蛋白质少,浸出率高,适合酿造啤酒。

根据《中国食物成分表》(2018年版),大麦和大米的主要成分见表1。

表1 大麦和大米的一般营养素成分表(以每100g可食部计)

食物成分名称	食物名称	
	大麦(元麦)	大米(代表值)[1]
水分/g	13.1	13.3

续表

食物成分名称	食物名称	
	大麦（元麦）	大米（代表值）[1]
能量/kcal	327	346
蛋白质/g	10.2	7.9
脂肪/g	1.4	0.9
碳水化合物/g	73.3	77.2
不溶性膳食纤维/g	9.9	0.6
胆固醇/mg	0	0
灰分/g	2.0	0.7
维生素 A/μg RAE	0	0
胡萝卜素/μg	0	0
视黄醇/μg	0	0
维生素 B_1/mg	0.43	0.15
维生素 B_2/mg	0.14	0.04
烟酸/mg	3.90	2.00
维生素 C/mg	0	0
维生素 E/mg	1.23	0.43
钙/mg	66	8
磷/mg	381	112
钾/mg	49	112
钠/mg	Tr[2]	1.8
镁/mg	158	31
铁/mg	6.4	1.1
锌/mg	4.36	1.54
硒/μg	9.80	2.83
铜/mg	0.63	0.25
锰/mg	1.23	1.13

注：1. 代表值是指当来自不同地区的同一种食物有多个的时候，为了便于使用，《中国食物成分表》（2018年版）对不同产区或不同品种的多条同个食物营养素含量计算了"x"代表值。

2. 符号"Tr"，表示未检出或微量，低于目前应用的检测方法的检出限或未检出。

（二）啤酒原料验收要求

依据《食品安全国家标准 发酵酒及其配制酒》（GB 2758—2012），啤酒的原料应符合相应的食品标准和有关规定。

1. 啤酒大麦

依据《啤酒大麦》（GB/T 7416—2008），啤酒大麦按麦穗形态分为：二棱大麦和多棱大麦（指四棱大麦和六棱大麦），其感官要求和理化要求见表2、表3。啤酒大麦的卫生要求参照 GB 2715 和相关标准执行。

表2　啤酒大麦的感官要求

项目	优级	一级	二级
外观	淡黄色具有光泽，无病斑粒[a]	淡黄色或黄色，稍有光泽，无病斑粒[a]	黄色，无病斑粒[a]
气味	有原大麦固有的香气，无霉味和其他异味	无霉味和其他异味	无霉味和其他异味
a 此处指检疫对象所规定的病斑粒。			

表3　二棱大麦和多棱大麦理化要求

项目	二棱大麦			多棱大麦		
	优级	一级	二级	优级	一级	二级
夹杂物/% ≤	1.0	1.5	2.0	1.0	1.5	2.0
破损率/% ≤	0.5	1.0	1.5	0.5	1.0	1.5
水分/% ≤	12.0		13.0	12.0		13.0
千粒重（以干基计）/g ≥	38.0	35.0	32.0	37.0	33.0	28.0
三天发芽率/% ≥	95	92	85	95	92	85
五天发芽率/% ≥	97	95	90	97	95	90
蛋白质（以干基计）/%	10.0~12.5		9.0~13.5	10.0~12.5		9.0~13.5
饱满粒（腹径≥2.5mm）/%	85.0	80.0	70.0	80.0	75.0	60.0
瘦小粒（腹径<2.2 mm）/% ≤	4.0	5.0	6.0	4.0	6.0	8.0

2. 啤酒花

依据《啤酒花制品》（GB/T 20369—2006），啤酒花按形态分为压缩啤酒花、颗粒啤酒花和二氧化碳酒花浸膏，各形态啤酒花的指标要求见表4~表6。

表4　压缩啤酒花指标要求

项目	优级	一级	二级
色泽	浅黄绿色，有光泽		浅黄色
香气	具有明显的、新鲜正常的酒花香气，无异杂气味		有正常的酒花香气，无异杂气味
花体状态	花体基本完整	有少量破碎花片	破碎花片较多
夹杂物[a]/% ≤	1.0		1.5
褐色花片/% ≤	2.0	5.0	8.0
水分/%	7.0~9.0		
α-酸（干态计）/% ≥	7.0	6.5	6.0

续表

项目	优级	一级	二级
β-酸（干态计）/%≥	4.0	3.0	
贮藏指数（HSI）[b]≤	0.35	0.40	0.45

[a] 不允许有植株以外的任何金属、沙石、泥土等有害物质。
[b] 已正式定名的芳香型、高 α-酸型酒花品种，其 α 酸、β 酸、贮藏指数不受此要求限制。

表 5　颗粒啤酒花指标要求

项目	90 型		45 型
	优级	一级	
色泽	黄绿色或绿色		
香气	具有明显的、新鲜正常的酒花香气，无异杂气味		
散碎颗粒（匀整度）/%≤	4.0		
崩解时间/s≤	15		
水分/%	6.5~8.5		
α-酸（干态计）[a]/%≥	6.7	6.2	11.0
β-酸（干态计）[a]/%≥	3.0		5.0
贮藏指数（HSI）[a]≤	0.40	0.45	0.45

[a] 已正式定名的芳香型、高 α-酸型酒花制成的颗粒啤酒花，其 α 酸、β 酸、贮藏指数不受此要求限制。

表 6　二氧化碳酒花浸膏指标要求

项目	超临界二氧化碳萃取	液态二氧化碳萃取
α-酸（干态计）/%≥	35	30
水分/%≤	5.0	

3. 麦芽

依据《啤酒麦芽》（QB/T 1686—2008），啤酒麦芽分为淡色麦芽、焦香麦芽、浓色麦芽和黑色麦芽，其指标要求见表7、表8，卫生要求见表9。

表 7　淡色麦芽指标要求

项目	优级	一级	二级
感官要求	淡黄色，有光泽，具有麦芽香气，无异味		
夹杂物/%≤	0.9	1.0	1.2
出炉水分/%≤	5.0		
商品水分[a]/%≤	5.5		
糖化时间/min≤	10		15

续表

项目	优级	一级	二级
煮沸色度/EBC ≤	8.0	9.0	10.0
浸出物（以干基计）/% ≥	79.0	77.0	75.0
粗细粉差/% ≤	2.0		3.0
α-氨基氮（以干基计）/(mg/100g) ≥	150		140
库尔巴哈值/%	40~45		38~47
糖化力/WK ≥	260	240	220
a 商品水分可按供需双方合同执行。			

表8 焦香麦芽、浓色麦芽和黑色麦芽指标要求

项目		优级	一级	二级
感官要求	焦香麦芽	具较浓的焦香味，无异味		
	浓色麦芽和黑色麦芽	具有麦芽香气及焦香气味，无异味		
夹杂物/% ≤		0.9	1.0	1.2
出炉水分/% ≤		5.0		
商品水分 a/% ≤		5.5		
色度/EBC	焦香麦芽	25~60		
	浓色麦芽	9.0~130		
	黑色麦芽	≥130		
浸出物（以干基计）/% ≥	焦香麦芽	60		
a 商品水分可按供需双方合同执行。				

表9 啤酒麦芽卫生要求

项目	啤酒麦芽
无机砷（以As计）/(mg/kg) ≤	0.2
铅（Pb）/(mg/kg) ≤	0.2
镉（Cd）/(mg/kg) ≤	0.1
汞（Hg）/(mg/kg) ≤	0.02
六六六/(mg/kg) ≤	0.05
滴滴涕/(mg/kg) ≤	0.05

4. 大米

依据《大米》（GB/T 1354—2018），大米分为大米和优质大米，其质量指标见表10和表11。大米的卫生要求按食品安全标准和法律法规要求规定执行；植物检疫要求按有关标准和国家有关规定执行。

表 10 大米质量指标

品种		籼米			粳米			籼糯米		粳糯米	
等级		一级	二级	三级	一级	二级	三级	一级	二级	一级	二级
碎米	总量/% ≤	15.0	20.0	30.0	10.0	15.0	20.0	15.0	25.0	10.0	15.0
	其中:小碎米含量/% ≤	1.0	1.5	2.0	1.0	1.5	2.0	2.0	2.5	1.5	2.0
加工精度		精碾	精碾	适碾	精碾	精碾	适碾	精碾	适碾	精碾	适碾
不完善粒含量/% ≤		3.0	4.0	6.0	3.0	4.0	6.0	4.0	6.0	4.0	6.0
水分含量/% ≤		14.5			15.5			14.5		15.5	
杂质	总量/% ≤	0.25									
	其中:无机杂质含量/% ≤	0.02									
黄粒米含量/% ≤		1.0									
互混率/% ≤		5.0									
色泽、气味		正常									

表 11 优质大米质量指标

品种		优质籼米			优质粳米		
等级		一级	二级	三级	一级	二级	三级
碎米	总量/% ≤	10.0	12.5	15.0	5.0	7.5	10.0
	其中:小碎米含量/% ≤	0.2	0.5	1.0	0.1	0.3	0.5
加工精度		精碾	精碾	适碾	精碾	精碾	适碾
垩白度/%		2.0	5.0	8.0	2.0	4.0	6.0
品尝评分值/分 ≥		90	80	70	90	80	70
直链淀粉含量/%		13.0~22.0			13.0~20.0		
水分含量/% ≤		14.5			15.5		
不完善粒含量/% ≤		3.0					
杂质限量	总量/% ≤	0.25					
	其中:无机杂质含量/% ≤	0.02					
黄粒米含量/% ≤		0.5					
互混率/% ≤		5.0					
色泽、气味		正常					

5. 酵母

《食品安全国家标准 食品加工用酵母》(GB 31639—2016)规定了食品加工用酵母的感官要求、污染物限量和微生物限量。《酵母产品质量要求 第1部分：食品加工用酵母》(GB/T 20886.1—2021)规定了酒用酵母的感官要求和理化要求。酒用酵母的指标要求见表12。

表12 酒用酵母指标要求

项目	高活性干酵母		鲜酵母		酵母乳	
	常温型	耐高温型	常温型	耐高温型	常温型	耐高温型
色泽	淡黄色至黄棕色		淡黄色或乳白色			
状态	粉、颗粒或条状		乳状液体或颗粒、块状			
气味	具有酵母的特有气味，无腐败，无异嗅					
杂质	无正常视力可见杂质					
出酒率/% ≥	48.0	45.0	48.0	45.0	48.0	45.0
水分/（g/100 g）	≤5.5		63.0~74.0		71.0~86.0	
活细胞率a/% ≥	80.0		96.0		96.0	
酸度/（mL/100 g）≤	—		30.0		50.0	
铅（以 Pb 计，干基计）/（mg/kg）	2.0					
总砷（以 As 计，干基计）/（mg/kg）	2.0					
金黄色葡萄球菌/25g	不得检出					
沙门氏菌/25g	不得检出					
a 也可符合标示值。						

（三）加工用水要求

水是啤酒生产中非常重要的原料，主要包括酿造用水、锅炉用水、冷却用水及洗涤用水。啤酒酿造用水包括糖化用水和洗糟用水、稀释用水、酵母洗涤用水。酿造用水的水质直接影响啤酒的质量。因此生产啤酒的水源除了需要满足《生活饮用水卫生标准》（GB 5749）中的要求外，还需进行额外处理。例如，糖化和洗糟用水需降低硬度，调整酸度；酵母洗涤用水主要是要杀菌以防污染；稀释用水除了降低硬度和杀菌外，还需脱氧和充二氧化碳。

三、加工工艺操作

依据《啤酒生产许可证审查细则》，啤酒的工艺流程一般包括糖化、发酵、滤酒和包装。

（一）麦芽制造

麦芽制造，简称制麦，是指大麦经浸麦、发芽、干燥等一系列加工工序制成麦芽的过程，是啤酒酿造原料麦芽的生产过程，是啤酒生产的第一步。制麦过程决定麦芽的质量，进而影响啤酒的品质。

1. 工艺流程

大麦→预处理→浸麦→发芽→干燥→除根→成品麦芽。

2. 操作要点

（1）预处理：包括大麦的输送、清选、分级和贮存。选择适合的输送方式将大麦输送至目的地后,可通过筛分、振动、风选、磁吸、滚打、洞埋等方式对大麦进行清选(包括粗选和精选),去除大麦混有的石粒、尘埃、杂草等,然后利用分级设备进行大麦分级,保证大麦品质及后续加工过程的一致性。在大麦贮存时应注意贮存条件,保证低温干燥。

(2)浸麦:将预处理后的大麦和水一起投入浸麦槽,捞出浮麦,然后通风供氧并排除二氧化碳,控制浸麦温度在11～25℃,浸麦24～52h,最终使浸麦度在43%～47%之间,浸麦结束。

(3)发芽和干燥:浸麦完成后,利用大麦的自重使大麦和水一起进入发芽箱,然后利用翻麦机将麦堆推平,利用喷水、翻麦、通风等方式控制发芽箱的温度。麦芽生长至一定长度时,发芽结束。然后将绿麦芽送入干燥箱干燥。

(4)除根和贮藏:根芽吸湿性强,能很快使干燥麦芽含水量提高;根芽含有的苦味影响啤酒口味。因此在麦芽干燥后的24h内利用除根机将根芽去除。除根后将麦芽温度降至室温,装袋或立仓储藏。

(5)成品麦芽:成品麦芽的质量需符合《啤酒麦芽》(QB/T 1686—2008)的规定。

(二)麦汁制备

大麦经过发芽过程,虽内含物有了一定程度的溶解和分解,但还远远达不到酵母生长繁殖和发酵所需的营养物质的要求。麦汁制备过程就是将固体的麦芽、大米等原辅料,经粉碎、糖化,通过过滤得到清亮的麦芽汁,再通过煮沸、后处理等形成具有固定组分组成的成品麦芽汁。

1. 工艺流程

```
                    水              酒花 热凝固物           氧气
                    ↓                ↓   ↓                 ↓
麦芽→粉碎→麦芽粉→麦芽醪→糖化→过滤→煮沸→回旋沉淀→冷却→冷麦汁→去发酵
                         ↑
       大米→粉碎→大米粉→糊化←水。
```

2. 操作要点

(1)原辅料粉碎:麦芽粉碎方法包括干法粉碎、增湿粉碎(回潮粉碎)、湿法粉碎三种方法。利用粉碎机粉碎时,麦芽水分含量应在5%～8%,粉碎时的粗细粉比例一般为1:(2.5～3.0)。

辅料大米多采用对辊式粉碎机粉碎,粉碎应越细越好。

(2)糖化:糖化是指利用酶将麦芽和辅料中的不溶性高分子物质分解成可溶的低分子物质的过程。生产淡色啤酒多采用双醪浸出糖化法或双醪一次煮出糖化法。

双醪浸出糖化法:①糖化锅中,麦芽35～37℃时投料,保温15min,然后升温至50～55℃进行蛋白质休止30～60min;②糊化锅中,大米45℃时投料,保温10min。温度缓慢升至90℃,持续10min,而后煮至沸腾,煮沸30min。送入糖化锅内兑醪,兑醪温度65℃;③保温糖化至碘反应基本完全,升温至76～78℃,静置10min后泵入过滤槽过滤。

双醪一次煮出糖化法:①糖化锅中,麦芽投料,投料温度50℃,保温进行蛋白质水解;②糊化锅内,大米在50℃投料,保温20min后逐步升温至70℃糊化,持续10min,然后煮沸30min;③第一次兑醪温度65～68℃,保温糖化至碘反应基本完全。将部分醪液加入糊化锅煮沸，剩余醪液继续保温糖化；④进行第二次兑醪，兑醪后温度 76~78℃，静置 10~15min 后过滤。

（3）麦汁过滤：过滤过程分两步进行：①利用过滤设备对糖化醪进行过滤得到麦汁，称为"头号麦汁"或"第一麦汁"；②用热水冲洗麦糟，将残留的麦汁洗出，得到的麦汁称为"洗糟麦汁"或"第二麦汁"。这个过程也被称为"洗糟"。

使用的过滤设备有过滤槽、麦汁压滤机等，目前最常用的是过滤槽。

（4）麦汁煮沸：煮沸方法有夹套加热煮沸方法、内加热式煮沸法和体外加热煮沸法等。目前国内最常用的煮沸方法是夹套加热煮沸方法。

夹套加热煮沸方法：①头号麦汁过滤后洗糟完成前 30min 左右，使用蒸汽进行升温小蒸发，使麦汁温度维持在 93℃ 左右；②洗糟完成后，升温至混合麦汁沸腾进行大蒸发，并测量混合麦汁浓度，计算定型麦汁产量和蒸发强度。若蒸发水量不足以支撑蒸发强度的要求，应补足热水；③按照工艺添加酒花和食品添加剂；④蒸汽压力需保证蒸发强度≥8%，蒸发过程中测量 1~2 次混合麦汁的糖度以确定蒸发强度的进展；⑤大蒸发 90±5min，验收麦汁浓度和数量，合格后打料进回旋沉淀槽；⑥打料结束后清洗煮沸锅。

（5）酒花添加：啤酒花可赋予啤酒特有的香味和爽口的苦味。啤酒花的添加量应根据酒花的质量、消费者的喜好以及啤酒类型确定。如生产原麦汁浓度 11%~14% 的淡色啤酒，酒花添加量为 170~340g/100L 麦汁。酒花添加的时间和方法对啤酒的口味有重要影响，一般采用三次添加法添加酒花，第一次在煮沸 5~10min 时添加酒花总量的 20%；第二次在煮沸 40min 左右，添加酒花总量的 50%~60%；第三次是在煮沸结束前 5~10min，添加剩余的酒花。

（6）麦汁冷却：通过回旋沉淀槽分离热凝固物，得到的麦汁需冷却至 6~8℃。目前常用的麦汁冷却方法是利用薄板冷却器进行冷却。麦汁冷却时需避免微生物污染，防止沉淀进入麦汁，同时还需保证麦汁足够的溶氧。

（7）麦汁充氧：酵母是兼性微生物，在有氧条件下生长繁殖，在无氧条件下进行酒精发酵。酵母在进行发酵前需先繁殖到一定的数量。因此，需要将麦汁通风充氧，使麦汁溶氧量达到 7~10mg/L。充入的空气需经过无菌处理。

（三）啤酒发酵

1. 工艺流程

氧气
↓
冷麦汁→发酵→啤酒过滤。
↑
酵母

2. 操作要点

（1）麦汁进罐：麦芽冷却至规定的温度后，进入发酵罐，接种啤酒酵母后开始发酵。目前我国普遍使用的是锥形罐发酵，采用一罐法发酵工艺。锥形罐的体积较大，需几批次的麦汁才能灌满，灌满时间一般为 20h 内，且麦汁满罐的温度要低于发酵温度 2℃ 左右。

（2）添加酵母：接种酵母数量一般在 0.6%~0.8%，满罐后酵母数量控制在（10~15）×

10^6个/mL。为保证麦汁中的溶氧量,在分批加入发酵罐的过程中,前两批麦汁可正常通风,后几批可选择少通风。

(3)发酵温度控制:发酵过程的温度控制可影响啤酒质量。可根据温度控制的不同将发酵过程分为主发酵期、双乙酰还原期、降温期和贮酒期四个阶段。主发酵期发酵旺盛、产热量高,如无法控制温度,可打开中段冷却带协助冷却。双乙酰还原期目前常用的是高于主发酵温度2~4℃还原,可将还原期缩至2~4d。当双乙酰还原至0.1mg/L以下时,发酵液的温度将以0.2~0.3℃/h的速度下降,直至降至4℃左右,降温速度要缓慢均匀,防止结冰。贮酒期包括温度4℃降至0℃以及-1~0℃的保温阶段,是为了澄清酒体、改善啤酒风味,因此温度宜低不宜高。

(4)酵母回收:双乙酰还原期后,发酵液降至4℃时开始回收酵母,为确保回收充足,一般控制在4℃维持48h。

(5)发酵压力控制:控制好发酵压力,有利于双乙酰的还原,抑制降低啤酒风味的发酵产物的生成。主发酵前期采取微压(0.01~0.02MPa),当外观发酵度达到30%时,封罐升压;当外观发酵度达到60%时,罐压一般控制在0.07~0.08MPa;双乙酰基本还原后,罐压缓慢下降,直至发酵完成。

(四)啤酒过滤

发酵完成后,发酵液中的酵母细胞和冷浑浊物会沉降到罐底,但自然沉降非常缓慢。为提高啤酒稳定性,需要进行啤酒过滤。目前最普遍的是使用硅藻土过滤。一般一次性过滤即可达到浊度要求,若啤酒清亮度要求较高,可进行两次过滤,粗滤用硅藻土过滤,精滤用板式过滤。

(五)啤酒包装

啤酒包装主要分为瓶装、罐装和桶装。

1. 瓶装啤酒

(1)工艺流程:瓶子→洗瓶→验瓶→装酒→压盖→杀菌→验酒→贴标→装箱→码垛。

(2)操作要点:

①啤酒瓶质量要求:啤酒瓶应符合《食品安全国家标准 玻璃制品》(GB 4806.5—2016)和《啤酒瓶》(GB 4544—2020)的规定,其各项指标要求见表13。

表13 啤酒瓶指标要求

项目名称		指标		
		一次性瓶	可回收旧瓶	可回收新瓶
外观	结石	封合面上不应有结石;其余部位不应有直径大于1.5mm的结石;直径0.3~1.5mm周围无裂纹的结石每瓶不多于2个		
	裂纹	不应有		
	气泡	不应有破气泡和表面气泡;不应有直径大于3mm的气泡;直径为1~3mm的气泡每瓶不多于3个;1mm以下能目测的气泡,每平方厘米不多于5个		

续表

项目名称		指标		
		一次性瓶	可回收旧瓶	可回收新瓶
外观	瓶口缺陷	瓶口封合面上不应有影响密封性和影响安全使用的缺陷；瓶口还不应有飞刺、成形不良和错位		
	内壁缺陷	瓶内壁不应有粘料、尖刺、玻璃搭丝、玻璃碎片		
	合缝线和表面缺陷	不应有尖锐刺手的合缝线和明显的初形合缝线。不应有严重明显的条纹、冷斑、污斑和其他严重影响外观的缺陷。需要时，也可按供需双方确认的封样为准		
	瓶底滚花	瓶底支撑面上应有滚花		
垂直负荷强度/N		≥4000	—	≥9800
耐内压力/MPa		≥1.0		≥1.6
抗冲击/J	V≤530mL	≥0.2		≥0.4
	V>530mL	≥0.3		≥0.6
抗热震性		经受温差为42℃的热震后，试样无破裂		
内应力/级		瓶底真实应力≤4		
内表面耐水性/级		GB/T 4584（HC3）		
铅（Pb）/（mg/L）≤		容积≥1.1L且小于3L的啤酒瓶：0.75 容积<1.1L的啤酒瓶：1.5		
镉（Cd）/（mg/L）≤		容积≥1.1L且小于3L的啤酒瓶：0.25 容积<1.1L的啤酒瓶：0.5		

注：以满口容量V将抗冲击指标分为两档。

②洗瓶：利用洗瓶机清洗啤酒瓶内外的污渍，杀菌，并且保证啤酒瓶内无积水，如使用的是带商标的旧啤酒瓶，还需去除商标。

洗瓶机洗瓶流程：进瓶→预浸→碱浸→碱冲洗→温水喷洗→冷水喷洗→新水喷洗→出瓶。

预浸水温35~40℃，浸泡大约1min。碱浸过程一般使用的碱是固体氢氧化钠，配制成碱液Ⅰ使用。新啤酒瓶使用的碱液Ⅰ浓度为（1.0±0.2）%（体积分数），带商标的旧啤酒瓶使用的碱液Ⅰ浓度为（2.2±0.2）%（体积分数），去除商标后的旧啤酒瓶使用的碱液Ⅰ浓度为（1.4±0.2）%（体积分数），先使用80℃的碱液Ⅰ浸泡6min，然后使用85℃的碱液Ⅰ喷洗。

碱冲洗过程使用碱液Ⅱ，其中加入少量磷酸盐且浓度低于碱液Ⅰ。先使用70℃的碱液Ⅱ冲洗，后将碱液Ⅱ冷却至60℃再冲洗1次。

水喷洗过程需确保水压高于0.1MPa，先使用40℃温水冲洗，再使用28℃冷水冲洗，最后自来水冲洗后出瓶。

③验瓶：目前主要还是采用人工验瓶的方式检查啤酒瓶是否有污渍、瑕疵等。

④装酒：啤酒的灌装是啤酒包装的重要工序，决定了啤酒的纯净、无菌、二氧化碳含量和溶解氧等重要指标。啤酒的灌装是在等压条件下进行，将真空啤酒瓶抽真空后充入二氧化

碳，使啤酒瓶内气压与酒缸压力相等，然后啤酒灌入瓶内，而气体返回贮酒室。灌装时需确保无菌灌装，酒温应维持在$-1 \sim 8$℃，保持酒体稳定。

⑤压盖：啤酒灌装结束后需立即压盖。瓶盖封口尺寸一般控制在$28.5\text{mm} < X < 28.8\text{mm}$，密封压力一般要求$\geq 1.0\text{MPa}$。

⑥杀菌：啤酒灌装后利用隧道式杀菌机进行喷淋杀菌，确保啤酒的生物稳定性。杀菌单位一般控制在$10 \sim 20\text{PU}$。

⑦验酒：目前基本采用人工验酒。检查啤酒是否澄清无杂质、瓶盖是否漏气漏酒、瓶外是否有附着物以及啤酒液位是否符合要求。将不合格的啤酒挑出。

2. 罐装啤酒

（1）工艺流程：空罐拆垛机→无菌水冲罐→装酒机→封盖机→杀菌机→液位检测→喷码机→封箱机→称重仪→码垛。

（2）操作要点：

①易拉罐质量要求：目前主要使用的是铝制易拉罐，其质量要求需符合《食品安全国家标准　食品接触用金属材料及制品》（GB 4806.9—2016）、《包装容器　两片罐　第1部分：铝易开盖铝罐》（GB/T 9106.1—2019）或《包装容器　两片罐　第2部分：铝易开盖钢罐》（GB/T 9106.2—2019）的规定。

②无菌水冲罐：易拉罐在灌装啤酒前需进行无菌水冲洗，无菌水进口压力0.15MPa以上冲洗几秒后，悬空倒罐排空易拉罐内水分。

③灌装封盖：罐装啤酒在装酒机灌装时缺少抽真空的过程，为降低酒体溶氧，采用等压灌装，然后利用蒸汽或二氧化碳引沫到罐口，立即封盖。最后还需检测封盖是否严密。

④液位检测：利用γ射线仪检测罐装啤酒容量是否达标。

3. 桶装啤酒

（1）工艺流程：泄压→冷水冲洗→热水冲洗→冷水冲洗→灌装。

（2）操作要点：

①啤酒桶质量：啤酒桶需符合《啤酒桶》（GB/T 17714—1999）的规定。

②啤酒桶的清洗：新啤酒桶或长久未使用的啤酒桶，需经过人工清洗、浸泡后方可上线刷洗使用。正常回收的啤酒桶一般经过几分钟的冷、热水交替冲洗干净即可使用。

（六）啤酒加工废弃物处理

1. 废水处理

啤酒工业废水主要来自浸麦废水、各加工流程的洗涤、过滤废水等，啤酒废水中含有糖类、酵母菌、啤酒花等易于生物降解的有机物。啤酒废水属于中高浓度的有机废水，如不经过处理直接排放，会消耗大量水体溶解氧，造成水体污染，导致环境恶化。目前啤酒废水处理方法有好氧生物处理、厌氧生物处理、土地利用和植物净化等，使用单一的处理方法不仅成本高，还很难达到理想的处理效果，因此现在啤酒厂大多采用组合工艺进行废水处理，例如好氧和厌氧生物处理结合，既能降低成本消耗，又能高效地降低COD（化学需氧量）和SS（悬浮物），达到理想的处理效果。

2. 固体废弃物利用

啤酒加工的固体废弃物包括麦糟、废酵母、热凝固物、废硅藻土等。

（1）麦糟：麦糟又称酒糟，是啤酒生产过程中数量最大的固体废弃物。麦糟主要是由麦芽皮壳、灰分、脂肪等物质组成，富含蛋白质、粗纤维等营养物质。目前啤酒厂的麦糟主要以湿态为主，因麦糟水分大、营养物质丰富，不宜久放。目前麦糟的再利用领域主要包括饲料领域、食品加工领域、建筑领域、用作燃料等方向。

（2）废酵母：废酵母是啤酒生产的第二大固体废弃物，每生产1000L的啤酒可产生约1.5kg的废弃干酵母。用于啤酒发酵的酵母中含有人体必需的八种氨基酸和各种维生素、矿物质，营养丰富，是一种利用价值极高的固体废弃物。目前废酵母的再利用主要集中于饲料、食品、生物制药、污水处理等领域。啤酒生产的废酵母泥可通过加热、自溶、干燥加工成酵母粉用作饲料或饲料添加剂；啤酒废酵母泥还可用于生产酱油、酵母抽提物等。

（3）废硅藻土：目前利用硅藻土过滤啤酒是最普遍的啤酒过滤技术，过滤过程中，硅藻土会吸附酵母、蛋白质等有机物，因此废硅藻土中含有大量有机物。目前废硅藻土的处理通常为建造澄清池收集废硅藻土，然后进行卫生填埋。随着循环经济的发展，废硅藻土的资源化利用也有一定的进展。可通过化学/物理再生法、电解氧化法等处理废硅藻土，去除内部的吸附物，使其成为能助滤的再生硅藻土，再次利用。也可将硅藻土干燥、粉碎，按比例加入饲料中，提高饲料的利用率。

四、主要质量问题及防（预防）治（解决）方法

啤酒色度是啤酒分类的重要依据，啤酒包装是啤酒生产过程的最后环节，两者均对啤酒的质量和外观产生直接的影响，针对啤酒加工过程中常出现的问题进行分析，并介绍常用的解决方法。

（一）色度控制

啤酒色度是啤酒的一项重要的指标，是啤酒分类的重要依据。在啤酒生产过程中，原料的色度、焦糖反应、氧化反应以及pH等都会对啤酒色度产生影响。生产淡色啤酒时，从原料的选择到各生产工艺均需进行有效的色度控制来降低啤酒色度。

啤酒色度主要取决于两个方面，一是原辅料中的色素物质的含量及其浸出程度，二是酿造过程中的褐变反应，包括羧-氨反应、氧化反应、焦糖反应等。啤酒原辅料的色素物质主要是麦芽和酒花中的酚类及其衍生物。籽粒小、麦皮厚的大麦一般含有更高的色素物质，制得的麦芽色度较深。浸麦程度过高、焙焦温度过高也会导致麦芽色度加深。因此应选用籽粒饱满的浅色啤酒专用大麦，控制浸麦度在43%~47%。麦芽干燥前应脱水，避免因高温焙焦导致产生的色素物质增多而使麦芽色度增加。酒花也对啤酒色度有明显影响，储存时间过长的酒花中的色素物质会增多，可选用优质的新鲜酒花，避免酒花氧化导致的啤酒色度增加。酿造用水中的碳酸盐含量过高，会增加糖化醪液的色度；某些金属离子如镁、铁等离子含量过高，也会对啤酒色度产生影响。生产中应控制酿造用水的pH值和硬度，减轻酿造用水对啤酒色度的影响。

麦汁制备过程中，糖化工艺整个过程在高温下进行，美拉德反应不可避免。采用煮出糖化法时，煮出次数越多，制得的麦汁色度越深；糖化时间越长、糖化温度越高，麦汁色度越深。麦汁过滤时，过滤时间越长、洗糟水pH越高、温度越高、洗糟次数越多，麦汁色度越高。可通过尽量缩短糖化、过滤的高温时间，控制洗糟水的pH、温度等措施来尽量降低啤酒

色度的加深。

（二）发酵过程微生物控制

啤酒酿造是一个复杂的过程，是啤酒加工中的重要环节，直接决定了啤酒的质量。尤其对于不经巴氏灭菌或瞬时高温灭菌的啤酒种类来说，如发酵过程中混入野生酵母、大肠杆菌等微生物，会造成啤酒污染，破坏啤酒风味的一致性和稳定性。

在啤酒酿造过程中，最易污染的微生物包括细菌、霉菌和野生酵母等，主要的污染来源包括空气、水、原辅料、设备管路等。细菌污染可造成啤酒变酸、浑浊，败坏啤酒风味。酵母是啤酒发酵过程中需接种的微生物，但野生酵母是非正常生产所用的、引起不正常发酵的异种酵母，在啤酒生产中易引起严重污染，造成啤酒浑浊、变味，破坏啤酒风味。在生产过程中，应从原辅料、生产工艺各环节严格控制微生物。生产各环节中使用的空气、水等进行无菌化处理，对设备管路进行清洁灭菌。接种的酵母应确保无污染，使用回收酵母时应注意回收代数不应超过3代。

啤酒的生产环境也会对啤酒污染产生一定的影响，可在生产车间配置紫外灯，并用0.25%的双氧水喷洒，控制整个生产环境的微生物。

（三）包装过程控制

啤酒包装是啤酒生产过程的最后一道工序，直接影响啤酒的外观和质量，啤酒包装对啤酒的质量至关重要。尤其对于瓶装啤酒而言，啤酒瓶质量不过关易造成爆瓶伤人，对啤酒企业也会产生严重的负面影响。啤酒是含有二氧化碳的产品，在包装、运输过程中稍有不慎就会造成爆瓶，因此在啤酒瓶的选择上，应选用符合《食品安全国家标准 玻璃制品》（GB 4806.5—2016）和《啤酒瓶》（GB 4544—2020）要求的啤酒瓶，避免因啤酒瓶质量不合格造成的危害。

在啤酒包装过程中，还会出现啤酒瓶内有尘土、油污、麻袋毛等不干净的情况，应保证洗瓶工序正常运行并强化验瓶，挑选出脏污不合格的啤酒瓶。灌装时，啤酒中二氧化碳浓度过高、酒体温度过高、酒体含有杂质时，会造成装酒机装酒时冒酒，产生半瓶酒；可通过适当放气、降低二氧化碳浓度，冷却酒体等方式避免。压盖不严会造成二氧化碳泄露，压盖太紧又会对啤酒瓶造成损害，可通过调整压盖机保证压盖严密。杀菌时，温度过高、时间过长会导致酒体蛋白质析出，温度过低、时间不足则达不到杀菌效果，导致啤酒浑浊，因此应严格控制杀菌温度和时间，杀菌机温度未达到要求不得进酒杀菌。

五、成品质量标准及评价

《食品安全国家标准 发酵酒及其配制酒》（GB 2758—2012）标准规定了啤酒中甲醛和微生物限量要求及其检测方法等。其中规定，污染物限量应符合 GB 2762 的规定；真菌毒素限量应符合 GB 2761 的规定。

《啤酒》（GB/T 4927—2008）规定了啤酒的感官要求、酒精度、原麦汁浓度等理化要求及其检测方法。

依据上述规定，整理出淡色啤酒（优级）成品应符合的质量安全标准如表14所示。

表14 淡色啤酒（优级）质量安全指标

产品指标		指标要求	标准法规来源	检验方法
原料要求		应符合相应的标准和有关规定	GB 2758	
感官要求	外观-透明度	清亮，允许有肉眼可见的微细悬浮物和沉淀物（非外来异物）（对非瓶装的"鲜啤酒"无要求）	GB/T 4927	GB/T 4928
	外观-浊度	≤0.9 EBC（对非瓶装的"鲜啤酒"无要求）		
	泡沫-形态	泡沫洁白细腻，持久挂杯		
	泡沫-泡持性	瓶装：≥180s；听装：≥150s［对桶装（鲜、生、熟）啤酒无要求］		
	香气和口味	有明显的酒花香气，口味纯正，爽口，酒体协调，柔和，无异香、异味		
理化指标	甲醛	≤2.0mg/L	GB 2758	GB/T 5009.49
	酒精度：大于等于14.1°P	≥5.2% vol（不包括低醇啤酒、无醇啤酒）	GB/T 4927	GB 5009.225
	酒精度：12.1~14.0°P	≥4.5% vol（不包括低醇啤酒、无醇啤酒）		
	酒精度：11.1~12.0°P	≥4.1% vol（不包括低醇啤酒、无醇啤酒）		
	酒精度：10.1~11.0°P	≥3.7% vol（不包括低醇啤酒、无醇啤酒）		
	酒精度：8.1~10.0°P	≥3.3% vol（不包括低醇啤酒、无醇啤酒）		
	酒精度：小于或等于8.0°P	≥2.5% vol（不包括低醇啤酒、无醇啤酒）		
	原麦汁浓度	X°P（"X"为标签上标注的原麦汁浓度，≥10.0°P允许的负偏差为"-0.3"；<10.0°P允许的负偏差为"-0.2"）		GB/T 4928
	总酸：大于或等于14.1°P	≤3.0 mL/100mL		GB 12456
	总酸：10.1~14.0°P	≤2.6 mL/100mL		
	总酸：小于或等于10.0°P	≤2.2 mL/100mL		

续表

产品指标		指标要求	标准法规来源	检验方法
理化指标	二氧化碳	0.35%~0.65%［桶装（鲜、生、熟）啤酒二氧化碳不得小于0.25%（质量分数）］	GB/T 4927	GB/T 4928
	双乙酰	≤0.10mg/L		
	蔗糖转化酶活性	呈阳性（仅对"生啤酒"和"鲜啤酒"有要求）		
	卫生要求	应符合 GB 2758 的规定。		
	净含量	按国家质量监督检验检疫总局〔2005〕第75号令执行。		GB/T 4928
微生物要求	沙门氏菌	$n=5$，$c=0$，$m=0/25mL$	GB 2758	GB/T 4789.25
	金黄色葡萄球菌	$n=5$，$c=0$，$m=0/25mL$		
真菌毒素限量	展青霉素	≤50μg/kg（仅限于以苹果、山楂为原料制成的产品）	GB 2761	GB 5009.185
污染物限量	铅	≤0.2mg/kg（以 Pb 计）	GB 2762	GB 5009.12
	锡	≤250mg/kg（以 Sn 计。仅适用于采用镀锡薄板容器包装的食品）		GB 5009.16
塑化剂限量	邻苯二甲酸二（α-乙基己酯）	≤1.5mg/kg	市场监管总局关于食品中"塑化剂"污染风险防控的指导意见	GB 5009.271
	邻苯二甲酸二异壬酯	≤9.0mg/kg	市场监管总局关于食品中"塑化剂"污染风险防控的指导意见	
	邻苯二甲酸二丁酯	≤0.3mg/kg	市场监管总局关于食品中"塑化剂"污染风险防控的指导意见	

实训工作任务单

学习项目	啤酒加工技术	工作任务	淡色啤酒制作
时间		工作地点	
任务内容	麦芽制造，麦汁制备，啤酒发酵，啤酒过滤，啤酒灌装，啤酒生产过程中存在的质量问题与解决方法		

续表

工作目标	素质目标： 了解中国啤酒加工行业近几年基本情况 技能目标： 1. 根据标准要求进行淡色啤酒加工原辅料的验收 2. 根据原辅料特点和成分对淡色啤酒加工工艺参数进行调整 3. 能够预防和解决淡色啤酒加工过程中的主要质量安全问题 知识目标： 1. 掌握淡色啤酒原料的主要理化成分和加工特点 2. 掌握淡色啤酒加工的主要原辅料及其验收要求 3. 掌握淡色啤酒加工的主要工艺流程和关键工艺参数 4. 掌握淡色啤酒加工中的主要质量安全问题及防（预防）治（解决）方法 5. 掌握淡色啤酒成品的质量安全标准要求及其评价方法
产品描述	请描述该产品的特点、感官性状、营养成分等
操作要点	请根据课程学习和实验操作填写啤酒制作的工艺流程和操作要点
成果提交	实训报告，淡色啤酒产品
相关标准/验收标准	请根据课程学习和实验操作填写啤酒的相关验收标准，包括指标名称、指标要求、检测方法、来源标准法规
实验心得	本次实验有哪些收获？产品的关键控制点和容易出现的问题有哪些
提示	

工作考核单

学习项目	啤酒加工技术		工作任务	淡色啤酒制作	
班级		组别		（组长）姓名	
序号	考核内容	考核标准	分数	权重		
				自评 30%	组评 30%	教师评 40%
1	学习态度	积极主动，实事求是，团队协作，律己守纪				
2	组织纪律	上课考勤情况				
3	任务领会与计划	理解生产任务目标要求，能查阅相关资料，能制订生产方案				
4	任务实施	能根据生产任务单和作业指导书实施生产步骤，完成任务				
5	项目验收	依据相关技术资料对完成的工作任务进行评价				

续表

序号	考核内容	考核标准	分数	权重		
				自评 30%	组评 30%	教师评 40%
6	工作评价与反馈	针对任务的完成情况进行合理分析，对存在问题展开讨论，提出修改意见				
合计						
评语						

指导老师签字_____

参考文献

［1］祝站斌．果蔬加工技术［M］．北京：化学工业出版社，2008．
［2］周胜利，谢修早，张霞．一种葡萄干的加工工艺：中国，104814400A［P］．2015．
［3］马佩选．葡萄酒质量与检验［M］．北京：中国计量出版社，2002．
［4］闫晓丽，郝利平，贺耀华．低糖杏酱的加工工艺研究［J］．食品工业科技，2008（10）：3．
［5］施云芬，刘月华．采用生物滤池—活性污泥法处理啤酒废水［J］．酿酒，2004，31（5）：2．
［6］程殿林主编．啤酒生产技术［M］．北京：化学工业出版社，2005：311-315．
［7］崔荣煜．啤酒厂固体废弃物资源化利用研究［D］．江苏：苏州科技大学，2017．
［8］刘超．新疆特色果蔬产业现状及发展前景分析［J］．中国食品，2018．
［9］杜方岭．山东省苹果汁加工废弃物开发利用的研究［J］．农产品加工，2009．